生态修复工程

以乌梁素海为例的山水林田湖草沙生态保护修复试点工程创优评优的思考和实践

李根东　主　编

张广明　张二东　王瑞强　左宸睿　梁勇　王大伟　副主编

中国环境出版集团·北京

图书在版编目（CIP）数据

以乌梁素海为例的山水林田湖草沙生态保护修复试点工程创优评优的思考和实践/李根东主编. —北京：中国环境出版集团，2023.6
（生态修复工程）
ISBN 978-7-5111-5541-2

Ⅰ. ①以… Ⅱ. ①李… Ⅲ. ①区域生态环境—生态恢复—环境工程—内蒙古 Ⅳ. ①X321.226

中国国家版本馆 CIP 数据核字（2023）第 108670 号

出 版 人 武德凯
责任编辑 韩 睿
封面设计 岳 帅

出版发行 中国环境出版集团
（100062 北京市东城区广渠门内大街 16 号）
网 址：http://www.cesp.com.cn
电子邮箱：bjgl@cesp.com.cn
联系电话：010-67112765（编辑管理部）
发行热线：010-67125803，010-67113405（传真）
印 刷 玖龙（天津）印刷有限公司
经 销 各地新华书店
版 次 2023 年 6 月第 1 版
印 次 2023 年 6 月第 1 次印刷
开 本 787×1092 1/16
印 张 7.5
字 数 112 千字
定 价 32.00 元

编 委 会

主 编 单 位：内蒙古乌梁素海流域投资建设有限公司
上海同济工程咨询有限公司

主　　　编：李根东

副　主　编：张广明　张二东　王瑞强　左宸睿　梁　勇
王大伟

编委会成员：常　东　张建华　贾文龙　张晓英　田振新
李亚飞　张海军　蔺　琴　李瑞英　苏小飞
闫晋阳　徐宏伟　裴文武　孟育川　王力平
王　净　周龙伟　薛富平　韩文光　蔡明学
王俪钧　秦　力

序

党的十八大以来，习近平总书记高度重视生态文明建设，高度重视农业农村现代化，心系黄河流域生态保护和高质量发展，多次对包括乌梁素海在内的“一湖两海”水生态治理作出重要批示。呼伦湖、乌梁素海、岱海“一湖两海”污染防治问题，一直是总书记心中的牵挂。

多年实践证明，乌梁素海问题在水里，根源在岸上，必须深入践行“绿水青山就是金山银山”理念和“山水林田湖草沙是生命共同体”理念，全流域全要素源头治理、系统治理、综合治理，才能消除生态隐患，把祖国北部边疆这道风景线打造得更加亮丽。

2018 年 12 月，乌梁素海流域山水林田湖草生态保护修复试点工程（以下简称试点工程），成功入围国家第三批山水林田湖草生态保护修复工程试点。近年来，巴彦淖尔市各地各部门统一思想，以问题为导向，坚持系统观念的原则、整体布局的思路，在乌兰布和沙漠、城镇和工业园区、河套灌区、农村牧区、乌梁素海湖区及周边以及乌拉山、乌拉特草原同步实施点源、面源、内源治理，推动乌梁素海综合治理由“点”到“流域”治理的转变。

经过多年生态治理与修复，乌梁素海生态功能逐步恢复，湖区水质持续稳定改善，治理取得了阶段性成果。湖区整体水质已达到地表水Ⅴ类标准，局部区域水质达到Ⅳ类标准。草原植被覆盖率达到 28.2%，森林覆盖率达到 6.5%。如今，乌梁素海已从河湖污染防治 1.0 时代进入流域多要素系统治理2.0时代，并积极向人与自然和谐共生的3.0时代发展。

生态修复工程在当前社会发展过程中扮演着极为重要的角色，同时在促进生态环境可持续发展方面也承担着极为重大的责任。在实施生态修复工程的过程中，如何使其达到最佳的效果，从而实现生态环境可持续发展的目标，是一个关键性问题。

本书以乌梁素海流域山水林田湖草沙生态保护修复试点工程为典型案例，重点介绍生态修复工程创优评优背景及意义，论述了生态修复工程创优评优的主要方法，同时总结了试点工程入选成功案例的经验。旨在为后续生态修复工程创建一流质量及创优评优提供参考。

希望通过本书的深入思考和实践，为推进生态环境可持续发展做出积极的贡献。

李根东

二〇二三年二月

前　言

山水林田湖草沙一体化保护和生态修复工程是落实“山水林田湖草沙是生命共同体”理念的具体实践，是落实习近平生态文明思想，采取有力措施，高质量推进山水林田湖草沙一体化保护和生态修复工作的具体行动。乌梁素海流域山水林田湖草沙生态保护修复试点工程是全国最大山水林田湖草沙生态保护修复试点工程。

试点工程实施的总体思路以建设我国北方重要生态屏障为中心，聚焦于提升“北方防沙带”生态系统服务功能和保障黄河中下游水生态安全，围绕流域内沙漠、矿山、林草、农田、湿地、湖水等生态要素开展系统治理。在前期治理的基础上，分时间、分步骤、分区域，充分考虑资金年度投入强度、可行性及地方政府的实施能力，优先启动对国家生态安全格局产生重大影响的工程项目。安排实施沙漠综合治理工程、矿山地质环境综合整治工程、水土保持与植被修复工程、河湖连通与生物多样性保护工程、农田面源及城镇点源污染治理工程、乌梁素海湖体水环境保护与修复工程、生态环境物联网建设与管理支撑七大类 35 个子项目重点工程，总投资 50.86 亿元。自 2018 年以来，推动乌梁素海流域生态环境的持续改善，保障我国北方的生态安全。

针对试点工程涉及的多个技术难题，开展了乌梁素海水质提升、底泥原位修复等 30 多项技术研究，获得国家新型实用专利 5 项。“城市多级污染与生态韧性修复关键技术”获中国发明创业一等奖；“河套灌区水循环立体监测与用水生态高效调控技术”获国家农业节水科技一等奖；“黄河灌区生态环境问题演变与综合整治项目”获黄河水利科学研究院科学技术进步一等奖。这些基础研究和重大工程前沿技术突破，既保障了试点工程的顺利实施，也为推进乌梁素海流域治理发挥积极作用。

截至2022年年底，试点工程各项建设任务和目标都已基本完成，取得了良好的成效，并产生了显著的经济、生态和社会效益。2020年，试点工程获评国家（第一批）社会资本参与国土空间生态修复十大典型案例，作为全国生态修复典型案例推广。2020年，世界自然保护联盟（IUCN）发布《基于自然的解决方案（NBS）全球标准》，试点工程成为中国10个实践典型案例之一。2021年，试点工程入选IUCN中国十大特色生态修复典型案例和中国改革2021年度案例。2022年，乌梁素海湿地水禽自治区级自然保护区列入内蒙古自治区重要湿地名录。乌梁素海湖区河口自然湿地修复与人工湿地构建工程义和烂大渠生态补水通道整治及建筑物配套工程设计施工总承包荣获内蒙古自治区2021—2022年度水利工程优质奖。

本书共分为4章，结合乌梁素海流域山水林田湖草沙生态保护修复试点工程对生态修复工程创优评优进行分析，第1章从生态环境角度着手，对生态修复工程创优评优的理论基础进行了深入的阐述，并分析生态修复工程研究现状和存在的问题与挑战。第2章通过比较一般工程和生态修复工程的差异，进一步从管理、经济、社会三个角度探讨建设优质工程的原因，以乌梁素海流域山水林田湖草沙生态保护修复试点工程为例，引入多源流理论分析政策的形成过程，并详细阐述试点工程在创优过程中的各项工作。第3章从工程创优评优的定义出发，详细介绍生态修复工程创优评优的原因和方法，同时全面论述了创优评优的多重指导原则，并以乌梁素海流域山水林田湖草沙生态保护修复试点工程为例，详细讲述试点工程在组织、管理和创新技术等方面所取得的成绩，进一步总结了试点工程创优评优成功的经验。第 4 章总结生态修复工程创优评优的方法，同时对生态修复工程未来的研究方向作出展望。

本书由内蒙古乌梁素海流域投资建设有限公司组织，与上海同济工程咨询有限公司共同编写。由李根东担任主编，张广明、张二东、王瑞强、左宸睿、梁勇、王大伟担任副主编。本书得到了各参建单位的支持，同时引用了生态修复工程研究参考文献，在此一并表示感谢。最后还要感谢常东、张建华、贾文龙、张晓英、田振新、李亚飞、张海军、蔺琴、李瑞英、苏小飞、闫晋阳、徐宏伟、裴文武、孟育川、王力平、王净、周龙伟、薛富平、韩文光、蔡明学、王俪钧、秦力等为本书出版所付出的辛勤劳动。

步总结了试点工程创优评优成功的经验；第4章总结了修复工程创优评优的方法，同时对修复工程今后的研究方向作出展望。

本书由内蒙古[illegible]建设有限公司组织，与[illegible]工程咨询有限公司共同编写。由李张东为主编，张广明、张二东、王强、[illegible]、金寒春、梁勇、王文涛任副主编。本书得到了各参建单位的支持，同时引用了生态修复工程研究的参考文献，在此一并表示感谢。最后感谢[illegible]、张[illegible]、曹文[illegible]、张晓[illegible]、[illegible]、李卫东、[illegible]、[illegible]、[illegible]、[illegible]、[illegible]、[illegible]、[illegible]、[illegible]、王[illegible]、[illegible]、[illegible]、[illegible]等为本书出版所付出的努力。

目　录

第 1 章　工程创优的基础

1.1　工程创优背景

工程创优是指在保证质量目标的前提下，通过不断的改进和创新，达到降低成本、提高效率和增加竞争力的目的。当前，工程创优已成为企业提升核心竞争力的重要手段，受到各方的广泛关注。将工程创优这一概念应用到生态修复工程的领域不仅能够有效提高生态环境质量，还可以促进生态可持续发展，对实现生态文明建设的目标具有重要的意义。

近年来，随着社会经济的快速发展和城市化进程的不断加速，环境污染、生态失衡、林地砍伐、过度开采、土地过度开垦、生物多样性减少、土地荒漠化和水源枯竭等环境问题日益突出，生态系统处于崩溃的边缘，生态环境面临严峻的挑战，严重威胁到人类社会的可持续发展。中国作为发展中国家之一，在经济快速发展的同时，人为活动却给生态环境带来了巨大的压力。过度开采和污染行为导致了自然资源的流失和生态环境的恶化。据统计，中国土地面积中荒漠化土地的比例超过了 1/4，森林覆盖率不足 20%，人类活动严重打破了生态环境的平衡，导致气候变化、干旱、水资源短缺等诸多生态问题的出现。这些问题不仅直接影响人们的生活品质，也给社会、经济的可持续发展带来极大的阻力。为了解决生态环境危机，恢复生态系统的自我修复功能，中国政府立足于新发展阶段，贯彻新发展理念，融入发展新格局，将生态文明建设纳入“五位一体”的总体布局，出台了一系列法律、法规和政策来引导生态修复工程的开展，解决环境问题，推动生态文明建设，提高社会的生态生产力，实现经济发展与生态保护的良性循环，创造出可持续发展的新路径。为此，开展生态修复工程的行动势在必行。

然而，在生态修复工程的实施过程中，工程质量和效率等方面的问题逐渐显现出来。例如，某些工程的效果并不明显，花费却高昂，而另一些工程则面临着管理不规范、数据不准确等问题。这些问题给生态修复工程的实施带来了很大的挑战，也使工程创优的概念应运而生。它的出现对生态修复工程具有重要的意义。一方面，通过创新技术和管理方式，可以提高生态修复工程的质量和效率，从而提升修复效果、降低成本和风险。另一方面，工程创优还可以促进经济的可持续发展，提高生态环境的保护水平。

在具体实施工程创优的过程中，首先，要注重技术创新，引进新材料、新工艺、新设备等，提高工程质量和效率。其次，要优化工程流程，确保施工进度、施工质量和安全可控。例如，在工程管理中采用BIM技术、智能化设备和无人机等先进技术，能够使工程管理更加高效和精准。最后，要加强人员培训和管理，提高工程人员的技术水平和责任意识，确保工程质量和效率得到全面提升。

因此，开展生态修复工程创优是当今社会必须要面对和解决的问题，是促进环境保护和社会经济可持续发展的重要举措。通过不断创新和完善工程管理，我们可以更好地推进生态修复工程的进展，为保护生态环境、促进社会经济可持续发展做出积极的贡献。

1.2 工程创优的意义

作为解决生态问题的行动指南，生态修复工程具有以下优势。首先，生态修复工程实际上是一种注重科学性和技术性相结合的综合管理方案，通过人与自然的合作来帮助环境实现自我恢复和调节，有效增强生态系统的生态服务功能，推动人与自然的和谐相处。其次，生态修复工程可以促进区域的综合发展。例如，荒漠化治理在提高土地和水资源利用率的同时也能带动当地就业。生态修复工程还可以改善环境，解决空气污染、水污染等一系列环境问题，为人民的健康保驾护航。最后，生态修复工程是实现可持续发展的一个重要支撑。通过实施生态修复工程，提高自然资源的利用率，提升生态系统的修复能力，从而改善区域内物种的生存和发展质量，以达到可持续发展的目标。

因此，生态修复工程作为一种能够解决当前生态问题的有效手段，得到了广泛的关注和应用。当前国家对生态修复工程的支持力度逐渐加大，政策和法律对于生态环境保护的措施也逐渐完善。同时，行业专业人士和相关技术的创新也为生态修复工程的实施不断助力。总之，生态修复工程在政府、企业和专家的共同关注下，应用前景变得更为广阔。

随着科技的进步，生态保护修复技术不断创新和完善，成为保护生态环境、促进生态经济的重要手段。统筹推进山水林田湖草沙综合治理[1-7]，是生态修复工程创优所涉及的重大发展战略，事关长远、事关全局，必须得到全力推动和落实。总体来说，生态修复工程的创优为创造可持续发展的生态环境和实现人与自然和谐共生的愿景提供途径，它的实施不仅能够有效解决生态环境问题，也能够改善城乡居民生活环境，促进居民身心健康发展，平衡经济发展与社会进步的共同推动。它为今后建设美丽中国、推动绿色发展提供了重要的技术支持和理论支撑。

1.3 工程创优研究现状

目前，工程创优的研究涉及多个学科领域，包括管理学、工程学、信息学、经济学等。其中，企业内部的创新管理、设计优化、生产流程优化等是创优研究的重点。行业领先者通过引入先进技术、优化生产流程、改进管理方式等手段，实现了成本降低、产能提高、质量提升等目标，从而在市场竞争中取得优势。

另外，随着信息技术的持续发展，工程创优在实践和理论研究中也越来越需要数字化、智能化工具的支持。例如，在设计阶段使用虚拟现实技术进行仿真验证，在生产过程中使用物联网技术进行数据采集和监测等。

总体来说，工程创优的理论研究和实践在不断发展，在此过程中不断涌现出新的工具和方法，可以帮助企业提高效率、降低成本、提升质量和增强竞争力，是企业发展的重要支撑。为了提高企业的良性竞争力，为企业的发展和工程建设提供一个科学有效的管理模式，创造更多优质工程，许多科研工作者以工程实践为出发点，先后对此进行了大量的研究，研究主要体现在工程实践和理论研究方面：

在工程实践方面，众多学者的研究主要表现如下：

郭善祥在《创优驱动下扬州西部交通客运枢纽工程施工新技术与管理研究》[8]中指出，以扬州西部交通客运枢纽工程为例，在建设过程中采用新技术、新工艺、新材料及新设备，并采用数字化技术对工程整体进行应用分析，最后成功地分析原理并对工程进行总体评估。

李圣开在《大型建设项目的创优管理》[9]中，以广州大学城的工程实践为例，从该工程的组织建设、管理模式、制度制定、信息传送、部门协调、问题解决、材料供应及绩效考核机制出发，对工程整体进行分析讨论，得出想要实现工程创优的总体目标，就需要构建科学的管理模式及有力的监管制度的结论。

林向武[10]从实际工程创优和控制过程出发，分析了从创优策划到过程控制再到工程竣工过程中各阶段的重点。他在工程创优的过程中用五字诀总结了创优的重点：第一是准，准确找出施工过程中可能遇到的施工难点，只有精准找出施工难点，才能为后期工程创优提供依据；第二是精，要把施工难点转变成施工亮点，考虑采用何种新技术、新工艺或新材料实现工程创优；第三是细，仔细核查工程中涉及的图纸及工艺，并对其进行闭环管理，确保每一道工序的精美无误；第四是齐，指的是在工程管理的过程中抓好资料管理，确保工程管理资料的完整性；第五是完，完是完整，把每一项工作做到尽善尽美，不留缺陷。

李德仁[11]认为在管理过程中要加强五个“要”、四个“须”和三个“抓”。五个“要”指的是要严格执行国家标准，要制订切实可行的管理方案，要合理衔接施工工艺和施工进度，要提高工人的技术水平，要认真做好施工前的技术交底。四个“须”指的是须保证施工质量，须选择技术能力强的施工班组，须提前准备好施工方案，须协调好施工人员之间的工作任务；三个“抓”指的是抓好工程结构，抓好工程质量，抓好成品保护。这些环节对工程创优的每一个目标都至关重要，因此每一项工作都不可忽视。

刘思凡[12]以北京银行科技研发中心工程为例，以鲁班奖为施工标准，在施工过程中采用材料创新、节水节能及环境保护等管理措施，采用新型钢木龙骨、定型柱模、混凝土养护等 17 小项新技术来提高施工质量，在安全方面，提出人员实名制管理、全监控覆盖等措施来保障施工人员的安全。这些创新性措施使工程最终达到鲁班奖标准，同时获得其他众多奖项，赢得社会各界的一致好评。

在理论方面，主要表现在以下几个方面：

蓝昭明[13]从房屋建造的管理体系出发，将理论与实践相结合，归纳总结了当前建设单位、设计单位、施工单位 3 个层级的质量管理体系，并总结处理工程质量创优模式。

陈鸿桥[14]从一个公式入手，讲述现代产品生产过程中，必须要经过思考、策划、设计、讨论、修改、实施、反馈、再修正等一系列的过程，对每一环节出现的问题都要认真解决，致力于最终产品的精致完美，如果一个环节处理不当，可能会带来毁灭性的结果。工程创优实际就是过程控制，对过程实施完全的监控和管理，才能保证工程的创优。

李海明[15]通过介绍当前优质工程的特点及发展过程，强调了工程创优的重要性，并针对当前创优过程中存在的问题，提出了相应的解决方案：①提高施工人员素质，强化质量意识；②时刻谨记创优过程是全过程创优；③不提倡提高标准进行创优，反对企业不惜下血本提高质量；④将企业的创优过程与企业工程认证标准联系起来；⑤推广“四位一体”的联合创优模式；⑥坚持样品引路，将质量问题控制在试验过程；⑦尽可能采用高科技减小工程实施过程的误差；⑧将创新技术记录下来，分级归档保存。

从上述研究中可以看出，工程创优是一个系统性的管理工程，它涉及领导、设计、监理、施工、分包商等单位部门间的通力协调配合和施工现场人、机、料、法、环的统筹组织安排，只有如此，方可交出无限靠近甚至是达到詹天佑奖及鲁班奖等国家级奖项要求的高质量工程，文献中提出的工程创优措施对于不同工程只能起到引导和启发的作用，特别是对生态修复工程创优而言，还需要结合工程实际情况采取有效合理的措施来确保工程创优目标的实现。

1.4　本章小结

本章从生态环境的角度入手，详细介绍了工程创优的研究背景和意义。通过分析现有的工程实践，发现工程在质量和效率方面存在诸多问题。而工程创优的引入则提供了一种切实可行的解决方案，通过引入新技术、优化工程流程和管理方式等措施，能够提高工程的质量和效率。从全球气候变化和环境危机的背景出发，生态修复工程创优已成为当今社会必须要面对和解决的问题。此外，本章还分析了工程创优研究的现状、存在的问题和挑战。通过对国内相关研究的综述，可以看出工程创优领域的研究存在诸多挑战和难点，如工程创优模式的选择、管理模式的创新等问题。这些挑战也提醒我们，需要进一步深入研究和探索，以便更好地推动工程创优的发展，为人类社会经济可持续发展做出更大的贡献。

同时，本章还为后续章节的研究提供了重要的理论基础和研究框架，为深入开展生态修复工程创优提供了有力支持。在今后的研究中，需要更加深入地研究生态修复工程创优领域的各个方面，如工程创优的具体实践、影响工程创优的因素、工程创优政策形成的过程、创新管理及组织模式等。还需要注意到国内外的研究和实践存在的差异和不足，积极借鉴先进经验和理念，提高工程创优研究的水平和质量。

第 2 章　优质工程的建设

2.1　工程的基本理论

2.1.1　工程的含义

“工程”一词被创造于 18 世纪的欧洲，前期主要用于兵器制造等劳作，发展到后期又被应用到屋宇的建筑、机器的制造、桥梁的修建等多领域，它的主要依据是数学、化学、物理学及由此产生的材料科学、固体力学、流体力学、热力学和系统分析等。

1．一般工程

一般工程是指施工项目以及与之相关的设计、建设、监理、施工等工作，涵盖建筑、土木、电力、水利、交通、矿山等多个领域，具有以下特点：

（1）多领域性：一般工程通常包括多个领域的设计、建设和施工，需要不同专业领域的工程师和技术人员协同工作。

（2）综合性：一般工程需要考虑各种因素，如土地、环境、地质、水文、气象、交通，通过综合考虑，来作出合理的决策。

（3）高度专业化：一般工程需要相关专业领域的工程师和技术人员根据专业所长，各司其职，对工程提出专业性指导。

（4）规模化：一般工程往往是大规模的，涉及大量人力、物力等资源，这需要良好的组织协调和管理以高效配置资源。

（5）长期性：一般工程的建设周期较长，需要经过设计、施工、验收等环节，在建设过程中要持续关注，根据工程所处的不同阶段，及时调整相关措施。

总之，一般工程需要从多个角度综合考虑，由专业化人员从智能出发进行科学有效的管理并辅之以及时的关注，是一项具有挑战性和发展前景的工作。

一般工程的标准是指建筑工程、道路、桥梁、水利、电力、机械等方面的常规工程标准，其标准体系编制依据主要包含：与工程项目建设相关的国家法律、法规和标准；企业的各项管理制度及工程项目的技术要求。一般工程标准的制定是保证工程质量、安全、可靠、高效的基础，对于保障人民生命财产安全、促进中国经济社会发展、提升实践经验及技术创新、推动技术进步和产业升级等方面起到了至关重要的作用。

一般工程标准的范围很广，大致如下：

（1）基础和建筑结构的设计和施工的标准：建筑结构设计规范、钢结构设计规范、临时结构设计规范、地基与基础设计规范、建筑装配式混凝土结构设计规范等。

（2）道路、桥梁和隧道的设计和施工的标准：大桥钢结构的表面处理层、公路交通标志标线标准、城市道路环境与设施设计规范、公路隧道设计规范等。

（3）给水、排水、暖通、电气、消防等方面的设计和施工的标准：住宅给排水设计规范、城市供水排水设计规范、高层建筑消火栓系统设计规范、机电设备工程设计规范等。

（4）设备和机械的标准：起重机械、压力容器、锅炉、通用机械等方面的标准。

总之，工程标准的制定是为了确保每项工程在质量、安全、效率等方面都能达到行业标准，为人民营造一个安全、舒适、便利、健康的生活环境，这也将实现工程领域经济增长、推动技术进步，我们应该鼓励、支持并积极参与到工程标准制定的工作中去。

2．优质工程

优质工程相比于一般工程则是更注重工程质量的全面、系统管理。它是指在工程建设过程中，由设计、施工、监理等各方共同努力，按照行业规范和标准要求，在工程实现高质量、高效率、高安全、高可靠性的目的的同时，也实现用户需求的核心目标的一系列工程过程。

优质工程的特点有以下几点：

（1）规范性：工程必须按照行业规范和法律法规的要求进行设计、施工和运营。工程必须符合相关标准、规范、条例和法律法规的要求。

（2）安全性：建筑的各项技术指标必须符合国家建筑技术标准，具有良好的安全性、抗震性和防火性。必须保障使用者和工作者的安全和健康。

（3）优质性：工程必须具有优质性，并且在整个过程做到始终如一，无论是设计、施工还是验收都必须保持严格的标准。

（4）可靠性：工程必须坚实可靠且需长期维护。同时要充分考虑风险，确保工程的可靠性和稳定性，延长工程产出物的使用寿命。

（5）经济性：工程应该从总体上考虑经济性，合理利用资源，在成本投入不变的情况下，做到产出最大，并且考虑到工程的总体效益。

优质工程的标准通常包括：

（1）设计标准：在设计方面，必须符合国家建筑标准和相关规范的要求，必须考虑到用户需求和功能，能够充分满足工程建设的需要。同时，设计工作必须有可行性，并且及时调整和创新。

（2）施工标准：在施工过程中，必须严格按照设计和规范要求进行操作，确保工程的安全性、可靠性、经济性和质量。必须保证设备和材料的质量，并且按照标准和法规要求进行筛选。

（3）监理标准：对于项目监理的要求必须是专业的、有能力的、有责任的，监理人员必须要有意愿和能力保证工程的性能和质量，确保工程按照设计和规范进行，并且满足市场的需求。

（4）验收标准：实施验收必须要全面、客观、科学，能反映工程质量和功能的真实水平。对工程实施的各项指标必须严格把关，核实全部资料，并且满足使用方和法律的要求。

综上所述，优质工程具有安全性、优质性、可靠性和经济性等多个方面的特点，并且要严格按照国家法律法规进行施工，才能实现工程的高质量。且工程质量可以根据其独有的特点选用新材料、新技术、新工艺、优化工程管理办法等一系列措施来实现工程创优的目标，而对于工程管理的创优，可以通过工程的质量指标、安全系数、经济效益、费用及环保特质来具象化，从而达到工程创优所明确的各项规定，基本实现工程创优的目标[16]。

3．生态修复工程

生态修复工程是指为保护生态环境，通过改变生态系统的物理、化学和生物特性来修复受到人类活动破坏的生态系统，为促进生态平衡和可持续发展而开展的一系列工程措施。生态自我修复的理论基础是生态环境发展演变的自然规律，生态修复工程有助于促进生态系统的恢复，提高环境质量，保护生物多样性和维护生态平衡。生态修复工程的实施可以增加土地的植被覆盖率，提高土壤质量和水源保护能力，减少水土流失和河流泥沙淤积，改善水质和空气质量，保护野生动植物和生态系统的多样性。同时，生态修复工程也可以提供生态环境服务，如水源保护、土地保育、粮食增产等。

生态修复工程种类繁多，包括森林恢复、湿地重建、岸线保护、植被恢复和生态水利工程等。其特点是在工程建设中融合生态学的原理和技术，通过营造合理的生态环境和气候条件，促进生态系统的自然恢复和发展，从而改善人类居住的环境。生态修复工程的标准主要包括生态系统的完整性、稳定性、可持续性和适应性等，并应当遵循《环境保护法》《水污染防治法》《土地管理法》等相关法律法规的规定。同时，生态修复工程的实施还必须考虑当地的自然环境、地形地貌、生态特征、资源利用情况、人口等各种因素，最终达到对生态环境的保护和修复的双重目的。

生态修复工程的内容主要包括以下几个方面：

修复目标：明确生态修复的目标和要求，包括恢复种群数量、改善生态系统功能、提升环境质量等。

修复方案：制订有效的生态修复方案，包括生态系统诊断分析、修复设计、施工实施、监测评估等环节。

修复原则：遵循生态修复的原则和规范，包括生物多样性保护、生态功能优化、可持续发展等。

修复重点：明确生态修复的内容和重点，包括土壤修复、水体治理、植被恢复、物种保护、生态景观建设等。

修复技术：选择合适的生态修复技术，包括生物修复、物理修复、化学修复等，并保证修复技术的可行性和可持续性。

修复管理：完善生态修复的管理机制和措施，包括安全保障、环境监测、质量控制、风险管理等。

修复效益：评估生态修复效益，包括资源利用效率、环境质量改善、社会效益等，并建立健全生态修复效益评估体系。

2.1.2 生态修复工程与一般工程的异同

通过上述对一般工程与生态修复工程的含义、特点及执行标准的简述，生态修复工程和一般工程之间的主要异同总结如下：

不同之处：

（1）目的不同。

生态修复工程的目的是保护和恢复自然生态环境和生态系统的平衡。而一般工程则是为了满足人类社会的建设需求。

（2）建设标准不同。

生态修复工程注重生态环境质量的改善和生态系统的稳定性，建设标准和技术规范较高。而一般工程则更注重建设的效率和经济效益。

（3）设计考虑不同。

生态修复工程在设计及建设过程中需充分考虑生态环境的限制因素，如环保方案、生态植被配置等，以达到最小化人为影响的目的。而一般工程则更多考虑项目的投资、经济效益和功能性等方面。

（4）建设时间不同。

生态修复工程的建设时间长达数年，后期此试点工程的养护运营更需要一定的时间，因为生态环境的恢复需要一定的时间。而一般工程的建设周期较短，以满足市场对建设进程的需求。

相同之处：

（1）投资来源相似。

虽然生态修复工程与一般工程建设的目的和标准不同，但是它们的投资来源都可能是政府、企业、社会团体等。

（2）建设工艺有交叉。

生态修复工程和一般工程之间虽然差别很大，但是在建设过程中，如基础设施、地基工程、水土保持等，还是存在相同之处的。

（3）目的互相促进。

生态修复工程的进行能够保障环境和生态的平衡，也为一般工程的持续建设提供良好的环境和基础。而一般工程的建设过程也需要遵循资源的可持续利用和生态保护修复的原则。

2.2　优质工程的建设原因

2.2.1　工程创优的主体

按照创优主体的职能可以将工程创优主体[17]划分为自控主体及监控主体

两类：自控主体指的是直接承担责任的主体，监控主体指的是监控除自身以外的机构完成项目程度的主体。对于创优工程来说，其主体主要划分为政府部门、建设单位、监理单位、勘察设计单位及施工单位，如表 2.1 所示，工程创优的自控主体是工程实现创优的保障，而监控主体是工程实现创优的外在约束，它们之间相辅相成，达成工程创优目标。

表 2.1　工程创优的主体

创优主体	主体属性	承担责任	依据
政府部门	监控主体	审批项目申请、核查设计图纸、验收工程	相关准则标准
建设单位	监控主体	选址建设方案、选择工程实施单位	相关准则标准及双方签订合同
监理单位	监控主体	对工程规划、选址、勘察、设计施工竣工实施监控	法律法规、建设单位委托
勘察设计单位	自控主体	对工作流程、完工进度等勘察设计过程实施监督	相关准则标准及双方签订合同
施工单位	自控主体	对施工具体流程实施监督	设计图纸及技术标准

2.2.2　工程创优关键因素的初步分析

本节在现有研究理论的基础上，总结实践经验，从项目管理的角度对工程创优的关键影响因素进行分析，主要从组织、管理及技术 3 个方面进行考虑。

1. 组织

组织是工程创优的决定性因素[18, 19]。生态修复工程涉及的范围广、工程体量大、人员庞杂，在整个过程中，组织起到统筹规划的作用，如果没有系统性的组织管理，工程创优就是一个空口号，其过程就会受到未知变量的影响。组织作为实现工程创优的关键因素，主要包含工程管理体系、工程创优组织结构、创优小组职责分工、创优流程。其中各因素的概念如表 2.2 所示。

表 2.2　工程创优组织的关键点

关键性因素	含义
管理体系	指在工程方面指挥和组织的管理体系
组织结构	指对该工程创优进行决策、管理和负责的组织
小组职责分工	指各小组成员在工程创优活动中的职责分工
创优流程	指实施工程创优的工作步骤和安排

2．管理

管理，顾名思义，指的是通过相应的规则、条例来约束某种行为，管理包括现场管理、安全管理、设备管理等。工程创优管理就是引导人们制定相应的制度和条款对某一工程开展有计划的活动，从而实现创优管理的目标。管理主要包括重难点分析、新技术应用、绿色施工、节能设计、质量特色。各关键点的概念及其对质量创优的意义见表 2.3。

表 2.3　工程创优管理的关键点

关键性因素	含义
创优奖项比较与分析	指对各项优质工程奖项进行比较和分析
创优目标确定	指确定项目的质量创优目标
创优策划	指对各项创优工作的计划安排
总包管理	总包单位的管理工作
管理方法	指所使用的质量管理的方法
管理理论	指所参考的质量管理的理念

3．技术

在工程创优的过程中，技术起到关键性作用。从分析工程的特点、预测工程可能遇到的难点、材料的选用，再到设计方案的制订、施工工艺的编撰、施工难点的解决及工程质量的监督，都需要技术的支持。工程创优技术的关键点如表 2.4 所示。

表 2.4　工程创优技术的关键点

关键性因素	含义
重难点分析	项目的重要工程、复杂工程的分析
新技术应用	项目的新技术应用
绿色施工	施工方案符合环保要求
节能设计	设计上需体现节能理念
质量特点	项目质量特点
施工方法	施工方法的选择

2.2.3　工程创优的原因

在生态环境的保护和修复工作中，工程创优可以使工程建设更加环保、高效，减少人为干扰对生态系统的破坏，同时为保护和修复生态环境提供更多可能性和方案。本小节将分析生态修复工程创优的原因，探寻如何通过工程创优为生态修复工作做出更大的贡献。

从管理学角度分析，生态修复工程的创优原因主要包括解决生态破坏、提高生态系统的可持续性、促进经济发展和提高社会福利等问题。这些目的不仅具有重要的管理价值，也是实现生态可持续发展的必要条件。具体分为以下几类：

（1）解决生态破坏问题。生态系统的破坏会直接影响生态环境的稳定，甚至会对生态系统的可持续发展造成不利影响。通过实施生态修复工程，可以有效地修复被破坏的生态系统，恢复生态系统的稳定。

（2）提高生态系统的可持续性。生态修复工程可以提高生态系统中物种的多样性和生态系统的稳定性，从而提高生态系统的可持续性发展潜力。这对生态系统的长期发展至关重要。

（3）促进经济发展。生态修复工程可以促进经济的发展。例如，建设生态公园、湿地公园等可以吸引游客，促进旅游业、服务业等第三产业的发展。同时，通过生态修复可以提高土地利用率，增加农业产出。

（4）提高社会福利。生态修复工程的实施可以改善人们的生活环境，提高社会福利。例如，修复污染的水源地可以改善人们的饮用水质量，降低水污染的风险。

从经济学角度分析，生态修复工程的创优原因不仅可以促进经济的发展，而且可以保护自然资源、提高人们的环保意识和促进新技术的应用、降低净化生态环境污染成本以及预防自然灾害的发生，从而推动经济、社会和自然环境的协调发展。具体分为以下几类：

（1）促进经济发展。生态系统的恢复和修复可以促进当地的经济发展。例如，当地发展生态旅游、观光农业等，在农业、旅游、餐饮等领域创造更多的就业机会，带动财政收入增长。

（2）保护自然资源。生态修复可以保护土地、水、空气和生物等资源，以此保护和增加自然资源量，从而为经济发展提供更坚实的基础。

（3）提高环保意识和技术。生态修复可以提高居民、企业和政府等主体对环境污染和生态保护的重视程度，以激发各方开展行动，提高相应的技术和管理水平，推动城市化进程，促进产业升级。

（4）降低净化生态环境污染成本。生态修复可以有效地降低净化生态环境污染成本，包括减少发病人口数量、降低农民的生产成本、增加企业的环保投资、减少政府的净化开支等。

（5）预防自然灾害。生态修复可以降低土壤无机盐紊乱、水土流失、干旱和沙漠化等问题所带来的自然灾害风险，从而保障人民生命和财产安全，减少自然灾害给生产生活带来的影响。

从社会（声誉）角度分析，生态修复工程的创优原因在于可以提高企业社会责任感和塑造政府形象，通过媒体和社交网络的积极引导，塑造负责任的政府和企业形象，形成良好的社会道德风尚。具体分为以下几类：

（1）提高社会信任度。生态修复工程的创建表明企业或政府具有良好的社会责任感，有利于提高公众对企业或政府的信任度，进而提升政府公信力。

（2）塑造政府和企业形象。通过生态修复工程，企业或政府向公众证明其有能力、有信心改善和保护环境，实现可持续发展，塑造良好的政府和企业形象。

（3）受到媒体和社交网络的关注。大型生态修复工程的实施通过社交网络和媒体积极引导，有利于增强公众对工程实施的认可度，减少工程实施阻力。

（4）政府积极履行职能。政府实施生态修复工程是政府积极履行生态保护职能的体现，是政府治理能力和治理水平的体现。

（5）形成良好的产业生态。通过生态修复工程，政府或企业可以与相关产业、环保组织和研究机构建立更为紧密的联系，构建良好的产业生态。

2.2.4 工程创优意义

在持续实现现代化的进程中，工程质量[20-22]备受关注，工程创优也受到广泛重视。工程创优是一个贯穿始终的过程，此过程所涉及的设计方案、材料备选、人员安排、工具设施、工艺流程等都需要结合工程实际进行不断的修正与完善，从而实现对工程创优的合理管控，达到工程预期目标。更重要的是，这些工程创优的实践经验不仅能为今后工程的再创优提供宝贵的经验和技术指导，成为施工组织创建优质工程的有效管理手段，这些经验还能为形成一套适用的创优质量管理方法及创优模式提供科学的依据。在工程创优过程中，对项目所采用的先进技术、工艺实施情况、参建企业的资质及环保情况等方面都有极高的要求，这些要求反作用于投资方向及规模、资源综合协调、技术进步等全局性工作并对其产生较深远的影响。最后，通过工程创优工作对项目诸多方面的管理措施进行系统综合的动态跟踪和评估检查，有利于各项管理措施围绕统一的创优目标协调推进和落实。从这个意义上说，工程创优具有“纲举目张”的作用。为此，众多企业逐步完善其工程管理制度，积极地开展工程创优活动。与此同时，面对当前激烈的工程竞争，各参与组织不断精进企业的工程工艺及质量，实现工程创优的目标[23]，在工程建设过程中，通过严格有效的管理、组织和监控，使一大批工程获得令人瞩目的成绩。以乌梁素海流域山水林田湖草沙生态保护修复试点工程为例，生态修复工程创优的意义主要表现在以下几个方面：

1．提升政府管理能力和管理水平

内蒙古淖尔开源实业有限公司（以下简称淖尔公司）作为巴彦淖尔市政府授权试点工程项目的第一责任主体，其代表市政府履行业主职责，负责项目的实施，在乌梁素海流域山水林田湖草沙生态保护修复试点工程创优过程中，始终围绕“六个好”目标实施标准，以习近平生态文明思想为根本指导思想，努力实现质量安全好、工程进度好、资金匹配好、财物审计好、廉政建设好和绿色产业发展好的目标。在质量目标方面，对施工单位进行科学的领导与指挥，要求各项目质量达到单项工程一次验收合格率 100%，优良率在 95%以上，杜绝因人为因素造成重大质量事故；在安全目标方面，督促各方在施工过程中始终坚持“安全第一、预防为主、综合治理”的方针，制定明确的安全目标，实行目标管理，切实做好安全保障工作；在工程进度方面，科学安排工期，全面统筹并合理配置各项资源，为工程的全面完工提供支持；在资金匹配方面，公开透明使用资金，系统谋划、分步推进，为工程投资可调可控提供保障；在财物审计方面，坚持项目社会效益和生态效益协调发展，监督项目资金的来源、管理、拨付和使用，提高项目资金的管控水平，规避资金风险；在廉政建设方面，将权力置于阳光之下，公开透明行使职权，塑造良好的政府形象，提升居民对政府的信任度与满意度；在绿色产业发展方面，以流域生态环境改善带动生态产品供给，实现区域绿色产业良性发展，提高区域居民收入。实践的成功就是最好的证明，以上举措体现了政府全面提升治理水平和治理能力，加速职能转化，求真务实，开拓创新，依法办事。

2．提高施工单位作业标准和水平

从长远目标来看，工程创优不仅是施工单位具有竞争力的体现，而且关系到其声誉、生存与发展。在施工过程中，施工方希望以高质量的作业水平和技术展示自己的实力，为企业赢得良好的口碑，为此，施工方不断为更高水平的作业标准而改进技术、创新管理，以提升竞争力与塑造企业形象。优质工程是无数工程人所追求的目标，以我国著名建筑学家梁思成为代表，他用一生来追求高质量的工程设计，也为此创造了许多令人惊叹的建筑作品，其中具有代表性的就是人民英雄纪念碑、王国维纪念碑等。同样，在乌梁素海流域山水林田湖草沙生态保护修复试点工程创优过程中，施工单位也始终追求优质的工程标准，具有强烈的责任感与使命感，采用科学理论指导试点工程的实践活动，根据乌梁素海流域地形地貌及水利特点，因地制宜组织施工活动。采用目标管理、绩效管理等现代管理技术，加快工程进度，科学合理倒排工期、挂图作战，始终坚持科学的施工方向，不断提高其作业标准和水平，以达成更高效的施工目标。

3. 促进设计单位设计理念创新

工程创优的顺利进行要以计划、设计为先导，为工程各方主体指明方向，协调工程中的各项活动。良好的设计计划能够有效地帮助工程各方主体明确施工目标，凝聚各方力量形成一股朝着共同目标努力的合力，减少重叠和浪费性的活动，有利于进行控制。在乌梁素海流域山水林田湖草沙生态修复试点工程创优过程中，设计单位根据客观环境的需要和施工特点，将彼时彼处的经验引入此时此处，在此过程中所进行的调整、调适，也是创新活动的一种，促进其设计理念创新，为日后的工程创优活动积累经验。

2.3　优质工程的建设方法

为了更好地建设生态修复优质工程，我们需要采取一系列科学合理的方法和措施。这些方法具体包含生态调查与评估、生态系统的重建、水土保持、采用最适宜的新型技术（生物技术），借鉴典型案例对生态系统进行保护修复。

生态调查与评估。在进行生态修复工程前，首先应进行全面的生态调查和评估，了解生态系统的现状和问题，确定最适合的修复方案。

生态系统重建。对于已经被破坏的生态系统，需要进行重建工作，还原原有的生态系统，种植适宜环境的植物或放养相应的动物，形成完整的生态链，逐步恢复生态平衡。

水土保持。生态修复工程的重要任务包含防止水土流失和荒漠化。因此，应采取相应的措施，如植被保护、水土保持工程建设等，确保生态系统稳定。

应用生物技术。生物技术可以在生态修复过程中起到重要的作用，如使用土壤微生物菌剂改善土壤质量、利用生态种植技术增加植被覆盖率等。

典型案例借鉴。通过学习国内外的典型案例，了解他们所采取的修复措施和方法，可以为生态修复工程的实施提供宝贵的经验借鉴。

本节以乌梁素海流域山水林田湖草沙生态保护修复试点工程建设方法为例，希望为后续生态修复工程提供可借鉴的内容。该试点工程在建设过程中一直秉持着“工程质量好、工程进度好、资金匹配好、财务审计好、廉政建设好、绿色产业发展好”的目标。为贯彻落实这“六个好”的目标实施标准，各方应加强保护环境、不破坏生态平衡的理论学习，并时刻保持敬畏自然、尊重自然、爱护自然之心，牢固树立“绿水青山就是金山银山”理念，将绿色生态的理念贯彻到工程创优的实践过程中。乌梁素海流域山水林田湖草沙生态保护修复试点工程利用生态系统的自我修复功能来对流域内环境进行整治并修复。内蒙古乌梁素海流域投资建设有限公司（以下简称 SPV 公司）作为试点工程的实施主体单位，主要负责此工程的投融资、建设、运营及移交工作，坚持以系统思维来综合施策，统筹山水林田湖草沙综合治理，实施乌梁素海生态修复补水通道工程及乌兰布和沙漠综合治理等项目，推动地区生态持续好转。乌梁素海流域治理坚持山水林田湖草沙系统治理，实施控肥、控药、控水、控膜行动，既减少了农业面源污染，改善入湖水质，又促进了农产品品质提升，一举多得。

针对生态修复工程的创优，以试点工程为样本，SPV 公司从最初的规划、招投标、设计管理、质量安全、工程进度、资金匹配，再到工程验收、移交运营管护，实施了一系列可行性措施，并对照当前我国现有的各类工程创优奖项，依据该奖项的评选总则、提交的具体申报资料、初审评判标准、工程复查标准、评审人员标准及纪律标准，积极组织各类创优评比活动，旨在将当地的生态环境质量与经济紧密结合，以推动地区经济发展。同时为保证试点工程的质量，各级建设主管单位将工程质量管理放在最重要的位置，并且建立和完善相应的奖惩制度及法律法规。这些条例可以在一定程度上推动企业责任感和工程质量的提高，并引导企业建立更加完善的管理制度，建设高质量的工程。

2.3.1　试点工程的特点

试点工程是在重点保护修复生态环境的区域开展的，它采用多种综合治理手段，包括生态修复、水土保持、植被恢复、土地改良等方法，以实现生态环境的修复和保护。在技术方面采用更加先进的技术手段，如遥感技术、空气动力学模型等，以提高修复效果和保护效果。该试点工程的特点主要从以下 10 个方面介绍：

1．组织机制

在工程创优过程中，拥有一个合理完善的组织结构是项目完整实施的决定性因素。在试点工程实施过程中，市政府部门成立了实施部门指挥部，在指挥部下面跟设“一办三组”，即综合办公室、计划财务组、工程协调推进组、工程监督管理组。

2．监测机制

试点工程制定《报批报建管理办法》《造价管理办法》《设计管理办法》《投资管理办法》《质量管理办法》《进度管理办法》《合同管理办法》等 19 项管理制度，建立工程信息管理体系，依托线上平台，及时反馈工程进度情况，加强工程动态监管，提升监管工作效率。

3．项目运行机制

试点工程的运行机制主要由三级会议推进体系和“日汇总、周调度、月通报”运行模式组成。三级会议推进体系，即指挥部、建设单位和施工设计方。首先，指挥部建立联席会议制度，定期举行项目联席会议，协调解决项目中遇到的重大问题；其次，建设单位定期举行协调推进会，确保项目高效推进；最后，施工设计方定期举行监理例会，及时发现并解决项目实施过程中存在的问题。日汇总即每日汇总项目建设情况，使各方及时了解工程进度；周调度即每周召开调度会议，对项目进行统筹调度，确保工程进度；月通报即每月通报工程完成情况，总体把控项目进展。

4．资金筹划

试点工程按照绩效考核目标和“资源资本化、生态产业化、治理长效化”的治理目标，此试点工程采用“项目收益+耕地占补平衡指标收益”的方式实现项目总体的资金自平衡，通过引入社会资本，成立项目公司，确保项目的正常运作。

5．生态与产业并重

在实施过程中生态环境治理与当地产业发展并重，在改善生态环境质量的前提下，通过在当地种植经济作物的方式，促进当地产业发展，且发展了乌梁素海周边旅游业，无形中增加当地居民的就业机会，带动当地经济的快速发展。

6．一体化修复和保护模式

试点工程的各项法规及标准，将乌梁素海流域生态保护修复分为六个主要治理区域，形成环乌梁素海生态保护带、河套灌区水系生态保护网、乌梁素海水生态修复与生物多样性保护区、阿拉奔草原水土保持与植被修复区、乌拉山水源涵养与地质环境综合治理区、乌兰布和沙漠综合治理区的生态安全格局。

7. 工程总承包模式

为提升试点工程建设的整体效率，项目采取“EPC+O”（工程总承包+运营）的模式，引入两家综合实力强的国有企业负责该试点工程的建设。

8. 创新市场化、多元化投入模式

试点工程通过组建项目公司，将多个子项目整合，由公司整体策划，统一实施，资金投入采用“财政补贴+项目收益”的方式。

9. 聘请专业机构、强化监督管理

在该项目的合法性、绩效评估、财务及项目竣工决算方面聘请专业机构进行评估审查，保证项目实施的每一步都精准合法。

10. 明确技术规范与标准

采用了多项新技术，编写行动方案、生态保护工程技术指南、项目管理手册等，将项目实施过程中的组织、管理、技术经验等进行理论总结，指导工程推进。

2.3.2　试点工程的规划

试点工程规划前期，根据“尊重自然，差异治理”的主要原则，按照“因地制宜，重点突出”的规划方法，结合当前《内蒙古自治区“十三五”生态环境保护规划》《巴彦淖尔市环境保护“十三五”环境保护规划》《巴彦淖尔生态城市总体规划》《乌梁素海综合治理规划》等现有的生态保护修复方案，将乌梁素海流域生态保护修复分为 6 个主要治理区域，形成“四区、一带、一网”的生态安全格局。

环乌梁素海生态保护带主要包括湖区周边的农田、城镇和村落等。针对生态保护带的面源、点源污染问题，该试点工程通过采取环湖生态保护带的控污减排措施，展开对环湖带的农牧业、城镇和村落污染物整治工程，从源头治理，减少入排干沟污染物。

河套灌区水系生态保护网主要包括连接乌梁素海和环湖生态保护带的主

要排干沟。针对入排干沟水质污染问题，开展排干沟治理、人工湿地、生态补水等一系列措施和工程，进一步提升排干沟水质，减少入湖污染物。

乌梁素海水生态修复与生物多样性保护区主要包括乌梁素海湖区。为了保护湖体的水生态修复和生物多样性，提升湖泊的降解和净化功能，改善湖体的水质和富营养化状态，改善整个湖区的水流条件、增加湖体库容和水量、减少湖体内源污染物，开展湖体内源治理工程。结合乌梁素海环湖生态保护带和河套灌区水系生态保护网，形成水质改善治理系统，进一步提升乌梁素海入黄河水质，保护黄河水生态安全。

阿拉奔草原水土保持与植被修复区主要包括阿拉奔草原和水土保持清水产流区。为了减少季风通道上流域的水土流失，通过开展阿拉奔草原及水土流失源头带、过程带、缓冲带的水土保持和植被恢复工程，减少入湖污染物和泥沙量，防风固沙。

乌拉山水源涵养与地质环境综合治理区主要指乌拉山的山体。通过开展乌拉山的地质环境、地质灾害整治和植被恢复措施工程，改善乌拉山受损山体的地质地貌环境，提高水源涵养功能，减少入湖污染物和泥沙量，改善湖体水环境，提升乌拉山的生态屏障服务功能。

乌兰布和沙漠综合治理区主要指磴口的乌兰布和沙漠。通过开展乌兰布和林草植被恢复措施，防沙治沙，与乌拉山水源涵养与地质环境综合治理区、阿拉奔草原水土保持与植被修复区及其他治理区，系统提升“北方防沙带”功能。

2.3.3 试点工程的招标及评审

工程招标是公共工程、建筑工程、水利工程等项目的合法化、合规化、合理化的一种方式，是《中华人民共和国政府采购法》规定的政府采购方式之一，通过公平公正的竞争，招标可以确保施工质量、优化投资效益、提高工程管理水平，有效地保护招标人和中标人的合法权利，提高社会管理和经济发展的水平。

在试点工程招标过程中，巴彦淖尔市政府授权淖尔公司为试点工程项目的第一责任主体（试点工程项目的建设单位），负责项目的组织实施、建设推进和监督管理，同时公开选择全过程咨询公司和投资人。此试点工程实施市场化运作模式，淖尔公司根据市政府授权与中标投资人组建专项基金，专项基金与中标投资人成立 SPV 公司。

在招标过程中，首先需要对招标活动的整个流程作出详细安排，包含对招标项目进行论证分析、编制招标文件、制定评定方法、组建评审机构等，具体流程为：

（1）项目立项：首先提交项目立项书，主要内容包含项目的初步设想、资源情况、建设条件、投资估算、资金筹措设想、项目大体进度安排、经济效益和社会效益的初步评价等；其次编制可行性研究报告，提交主要内容包含国家和地方相应政策、单位的现有建设条件及建设需求、项目实施的可行性及必要性、市场发展前景、技术上的可行性、财务分析的可行性、效益分析（经济、社会、环境）等。

（2）建设工程项目报建：招标人持立项等批文向工程交易中心的建设行政主管部门登记报建。

（3）发布招标公告：招标人通过媒体或网络发布招标公告，公示招标项目的基本情况、招标条件等。

（4）报名资格审查：招标人对报名的承包商或供应商进行资格审查，确认其是否符合招标条件和要求。

（5）编制招标文件：招标文件主要包含文件内容、编制招标文件注意事项、投标文件的编制要求、投标方的投标资质。

（6）组建评审机构：在开标前 2 小时内，在相应的行业专家库随机抽取评标专家参与评标。

（7）招标公示：招标人公示招标结果，将中标人的名称、招标金额等信息予以公开。

（8）合同签订：中标人与招标人签订合同，约定工程建设或材料供应的具体细节和条件以及支付的方式方式和期限等。

在试点工程的招标评审过程中，需要从技术层面及商务层面评估施工方案的可行性、施工进度计划的可靠性、施工质量的保证性、工程材料和机械设备供应的技能合格性。市、旗（县）两级发改委、自然资源局、生态环境局、农牧局、水利局、林草局、住建局等行业主管单位对建设单位报送的科研报告和设计方案通过组织专家评审、论证，提出修改意见，不断地优化完善，最终完成立项审批 22 项、设计审批 60 项，保证了项目开展的合规性。

淖尔公司招标确定了中国建筑一局（集团）有限公司、中交第三公路工程局有限公司、中交公路规划设计院有限公司、中国市政工程西北设计研究院有限公司、甘肃中建市政工程勘察设计研究院有限公司等联合体为试点工程总承包单位及上海同济工程咨询有限公司为全过程咨询单位。工程总承包单位中标后，根据各子项目的建设内容和实施路径，同时结合企业自身情况，对找不到技术路径和协调难度大的 4 个子项目决定放弃实施，其中，中国建筑一局（集团）有限公司放弃 2 个子项目［乌拉特前旗大仙庙海子周边盐碱地治理及湿地恢复工程、乌梁素海生态产业园综合服务区（坝头地区）污水工程］，中交第三公路工程局有限公司放弃 2 个子项目（水生植物资源化综合处理工程、耕地质量提升工程）。之后，分别由乌拉特前旗政府、市农业局和 SPV 公司组织实施。

2.3.4 试点工程的设计

与一般工程的设计不同，试点工程的设计秉承着系统性、前瞻性和专业性的理念，并通过方案设计将建设方对试点工程的实施目标转化为全局规划构思，再通过技术计算，将概念具体化，并付诸行动，最后设计详细的施工图。具体是通过实地勘察测绘，研究论证，颁布《乌梁素海流域山水林田湖草沙生态保护修复试点工程技术指南》，为设计院提供设计标准，并编写 35 个子项目设计方案，施工阶段根据项目现场实际情况进行必要的设计变更、优化调整；完善设计并积极与行业主管部门协调，推进设计变更的批复工作，为工程施工提供必要依据；根据相关规范，对设计成果资料整理归档留存。

同时为加快设计进度，缩短技术比选时间；在设计质量方面，保证设计的产品符合国家地方相关规定及上述设计指南，确保设计成果的合理可行性，并对产生的设计质量问题整改并追踪溯源，追究责任；提前做出设计进展图，并实时更新设计、勘察及更正的时间节点，实施挂图作战；各级部门也要发挥好行业指导作用，保证选址、审核、设计及相关文件的合理性和科学性；各级单位也发挥了协调作用，设计单位开展现场办公，与施工单位充分沟通，有效指导施工，定期召开设计协调推进会并及时解决设计工作中出现的难点，保证项目的顺利推进。

同时设计文件的审核工作也得到加强，重点审核设计单位成果及质量，关键是放在对设计文件的审核把关上，一旦发现违反相关法律、法规和强制性标准设计文件，会及时予以指出，将设计文件退回，并责令设计单位进行修改，审查不合格的设计文件不得交付施工，通过审核批准的设计文件，不得擅自进行修改。

2.3.5 试点工程的建设内容

在试点工程的建设过程中，以生命共同体为指导原则，以乌梁素海流域内突出环境问题为导向，对其 6 个治理区域内的重点环境问题进行了保护与修复，并部署了七大重点工程项目，主要包含沙漠综合治理工程、矿山地质环境综合整治工程、水土保持与植被修复工程、河湖连通与生物多样性保护工程、农田面源及城镇点源污染治理工程、乌梁素海湖体水环境保护与修复工程、生态环境物联网建设与管理支撑。

1. 沙漠综合治理工程

此工程主要指磴口县乌兰布和沙漠防沙治沙示范工程和乌兰布和沙漠生

态修复示范工程。

在进行试点工程前，土地沙漠化面积增大，沙区生态脆弱，地下水资源用多补少，沙区人民收入相对较低，土地沙化极易反弹，防沙带屏障还不牢固。

乌兰布和沙漠防沙治沙示范工程，在磴口县巴彦高勒镇沙拉毛道嘎查和防沙林场境内实施压沙造林，主要内容包含整地方式，即春季或秋冬季对项目区域内沙丘进行机械平整整地；压沙选用性价比最好且固沙效果良好的干草沙障，根据项目区实际情况，考虑沙障间距与沙障高度和沙面坡度有关，同时考虑风力强弱，干草沙障规格 1 m×1 m 的网格；在树种选种的过程中，综合考虑了项目区的气候条件、立地条件及近几年造林的成功经验，生态林主要选用梭梭，防沙林可选用梭梭、白沙蒿、花棒、沙拐枣，综合治理展示区主要展示沙生树种、乡土树种及经济树种等，树种为沙冬青、旱柳、连翘、黑果枸杞、枸杞、柽柳等；在造林后采用科学的方法进行抚育管护，并指派专人负责，防止出现人畜破坏。

乌兰布和沙漠生态修复示范工程，在梭梭林内人工接种肉苁蓉约 7 万亩，共需要准备 2 100 kg 肉苁蓉种子，其中，肉苁蓉接种时间则是根据梭梭生长规律和肉苁蓉根部寄生特性来确定，接种方法则是先找到梭梭根系分布区，选择健壮活根作为接种寄主根，每坑放置适量肉苁蓉种子，再放一些湿沙压在种子上，然后将坑壁湿沙削下覆于根际，埋沙土至坑深的 2/3 处踏实、灌水，待水完全渗透后覆沙回填，覆土回填时不宜填满，以便浇灌和存储雨水，每亩梭梭林需用 30 g 肉苁蓉种子；对肉苁蓉的抚育管理主要是通过对寄主梭梭的管理来实现的，主要保证浇水量及一定量腐熟的有机肥，同时注意病虫鼠害及人畜破坏。

2．矿山地质环境综合整治工程

由于此前开发矿业可能引发地质灾害，影响含水层、地形地貌景观及占用和破坏土地资源。

矿山地质环境综合整治工程主要指乌拉山南北麓矿山地质环境治理与生

态修复工程，此生态修复工程又由四部分组成，主要是乌拉山北麓铁矿区矿山地质环境治理项目，乌拉山南侧废弃砂坑矿山地质环境治理项目，乌拉山小庙子沟崩塌、泥石流地质灾害治理和内蒙古乌拉特前旗大佘太镇拴马桩—龙山一带废弃石灰石矿矿山地质环境治理项目。

在乌拉山南北麓矿山地质环境治理过程中，综合考虑了治理区的自然地理环境，采用以工程措施为主的治理方法，即首先对露天采场进行削坡清除危岩体，使其稳定，对采坑进行清运，拆除周边的废弃建筑物，采用人工与机械结合的方式将固体废物回填采坑，整平覆土后自然恢复植被。此次治理露天采坑360个，废石（渣）堆288个，工业广场38个，治理面积9.53 km^2。

乌拉山南侧废弃砂坑矿山地质环境治理项目、内蒙古乌拉特前旗大佘太镇拴马桩—龙山一带废弃石灰石矿矿山地质环境治理项目同样是进行削坡、清运、坑底填平、平整土方石、回填及废渣堆整形，在乌拉山南侧废弃砂坑矿山地质环境治理项目中，治理无主露天采坑20个，废石（渣）堆10个，治理面积 1.04 km^2，在内蒙古乌拉特前旗大佘太镇拴马桩—龙山一带废弃石灰石矿矿山地质环境治理项目中，治理无主露天采坑24个，废石（渣）堆55个，工业广场34个，治理面积1.18 km^2。

乌拉山小庙子沟崩塌、泥石流地质灾害治理工程相比于以上3个项目，增添了在山体不稳定边坡区设置柔性防护网（SNS）柔性防护网、在河道东岸与西岸的土路连接处建一座漫水桥，河岸边界处人工浆砌石挡墙、在治理区种植适合生长的树种，在河道下游设置截伏流。

3．水土保持与植被修复工程

项目位于乌拉特前旗的乌梁素海周边（主要是东北岸）及乌拉山南北麓，乌梁素海周边水土保持与植被修复工程包括乌梁素海东岸荒漠草原生态修复示范工程、湖滨带生态拦污工程、乌拉特前旗乌拉山南北麓林业生态修复工程和乌梁素海周边造林绿化工程共四大工程。

（1）针对乌梁素海东海岸草场退化、地力衰退、阻塞交通、灾害加剧的问题，根据周边草原的实际情况，结合当地地形地貌及气候条件对乌梁素海东岸荒漠草原进行生态修复，主要对灌木区进行植物播种及围栏围封，并开展水源工程、蓄水池工程、输水工程及喷灌工程完成灌溉系统的修复。

（2）湖滨带生态拦污工程，主要在风沙治理区设置防风固沙灌木林，林下种草；盐碱地、滩涂经清理、翻耕、土壤改良等土地整治后种植乔灌混交林，治理区水域主要采黄河支渠引水。

（3）在乌拉特前旗乌拉山南北麓林业生态修复工程中，树草种的选择本着适地适树的原则，优先选用和发展乡土优良树种，整地方式则是根据项目区域的地形地貌，采用“品”字形排列的穴状整地方式，树种呈现“品”字形配置，块状混交，并在 2019 年 6 月中下旬到 7 月中旬进行苗木栽植。为了节约用水，此工程采用自动智能滴灌控制系统。在造林后，设置防护围栏，并人工抚育管理三年，设置专人负责。

（4）乌梁素海周边造林绿化工程包含通道绿化及村屯绿化。其中主要包含土地的平整、种植土的回填（种植土壤严禁采用强碱土及重黏土）、苗木的选择及种植、种植区的施肥排水及除草、管道的布置［管道采用 UPVC 管（硬塑管）。

4．河湖连通与生物多样性保护工程

此项目可以通过建设生态补水通道来缓解黄河凌汛期的防洪压力，同时保证了乌梁素海周边人民的生命和财产安全，确保水源污染问题不会影响河套灌区的发展，主要包含乌梁素海流域排干沟净化与农田退水水质提升工程、湖区河口自然湿地修复、人工湿地构建与生物多样性保护工程、湖区生态补水及海堤防护工程。

（1）乌梁素海流域排干沟净化与农田退水水质提升工程位于乌梁素海湖区外围的排干沟，以及新安镇、苏独仑镇、新安农场和乌拉山镇的支、斗、农、毛沟底泥疏浚。其主要通过：排干沟清淤（人工、机械、水力相结合）、乌拉特前旗各苏木镇的农牧场斗、农、毛沟清淤疏浚（采用不排水机械疏挖）。

（2）湖区河口自然湿地修复、人工湿地构建与生物多样性保护工程则是采用氧化塘技术（人工加入生物载体或定植水生植物），并配置湿地现有植物——芦苇来实现人工湿地的修复。在治理乌拉特前旗大仙庙海子周边盐碱地时，实施沟道防塌衬砌和整治工程、沟道配套建筑物工程及盐碱地治理（“五位一体”）及湿地恢复工程。在生物多样性保护工程中，对乌梁素海自然保护区核心区、缓冲区、周边人工苇田及其他土地类型进行补偿，并通过聘请有资质的测绘单位对乌梁素海湿地水禽自然保护区开展确界工作。

（3）湖区生态补水及海堤防护工程主要包含乌梁素海生态补水通道工程和海堤防护工程。在乌梁素海生态补水工程中，修建 6 座泄水闸，设计流量可达 100 m^3/s，再通过进水系统将黄河水引入乌梁素海流域中，通过黄河水与乌梁素海之间的水体循环，达到净化乌梁素海水质、改善生态环境的目的；在乌梁素海海堤综合整治工程，通过实施海堤加固工程、桥涵工程、交叉工程、土方外运工程、临时围堰工程及征地补偿项目，确保乌梁素海海堤安全性，改善运行条件。

5. 农田面源及城镇点源污染治理工程

对此项目区的农村生活污水、生活垃圾、畜禽养殖废水、农业面源、城镇生活污水及废水进行治理，使污染物得到大幅度削减，开展了乌梁素海农牧业污染减排、乌梁素海水质提升、湖区周边村落环境综合整治三大工程。

（1）在农牧业污染减排的工程中，主要通过农业投入品的减排、耕地质量的提升、农牧业废弃物的回收与资源化利用，从而达到化肥减控、农药减控、控水降耗、农用地膜控制、农作物秸秆利用及畜禽粪污利用等目标。

在农业投入品减排工程中，又细分为 3 个项目，主要包括智能配肥站建设项目、减氮控磷项目和调整种植业结构。截至目前，全市已经建立了 30 家智能配肥站，后期又新建了 100 个智能配肥站，在全市推广缓控释尿素、微生物肥料等减氮技术，并大力推广增施有机肥秸秆还田、麦后复种绿肥等技术，调整施肥结构，改进施肥方式，按照大配方、小调整的原则，生产适宜于本地区的配方肥，并成立有机肥协会，大力培育有机肥生产企业和知名有机肥品牌；耕地质量提升工程主要包含水肥一体化项目、增施有机肥项目、深松深翻土地平整三个项目。对此，采取的主要措施是提升耕地质量及控水降耗；农牧业废弃物回收与资源化利用工程主要指的是农药包装废弃物回收、农田残膜回收、粪污资源化利用及农作物秸秆资源化利用。

（2）为提升乌梁素海的水质，巴彦淖尔市政府决定彻底斩断乌梁素海点源污染，即通过扩建乌拉特前旗污水处理厂、增建乌拉特前旗乌拉山镇再生水管网和附属设施及改造乌拉特前旗污水处理厂，在乌梁素海生态产业园综合服务区建设一座坝头地区污水处理厂，以此彻底斩断城镇居民生活污水、工业园区排放污水对乌梁素海的污染，进一步提升乌梁素海的水质。

（3）为综合整治湖区周边村落环境，实施“厕所革命”工程、村镇一体化污水工程及生活垃圾收集和转运站点建设工程。其中，厕所按照 1A 级标准进行建设；污水处理站 9 座，分别建设于沙德格苏木、西小召镇、小佘太镇、新安镇、苏独仑镇、公田村、红光村、新安村、北圪堵村。

6．湖体水环境保护与修复工程

当前，乌梁素海湖区水动力差、湖面萎缩、库压容小；湖体水生植物泛滥、内源性污染源加剧、水质污染严重，开展了乌梁素海湖区湿地治理及湖区水道疏浚、水生植物资源化综合处理、乌梁素海湖区底泥处置试验示范三大工程。

（1）针对湖区水道疏浚，主要通过布设主支疏水道、开挖疏浚水道及装驳运输堆放来提高湖体水动力；通过海堤提高及生态防护来增加库容；通过复合酵素底泥处置及水生植物资源化利用来减小污染源、提升湖体水质。

（2）乌梁素海水生植物资源化综合处理工程主要是水生植物的收割与资源化综合处理，主要包含芦苇收割及无害化、资源化工程。在芦苇收割的过程中，要注意芦苇的收割时间、收割方式及存储方式，保证芦苇的不变质及合理化利用。

（3）由于乌梁素海生态系统较弱，直接清淤会造成湖内部植物及微生物毁灭性的破坏。针对乌梁素海湖区底泥处置试验示范工程，在综合考虑技术适用性、经济性、管理难易程度、技术可行性、生态环境友好性，内源污染治理采用底泥原位生态修复技术。

7．生态环境物联网建设与管理支撑

为准确掌握乌梁素海流域山水林田湖草沙的各环境要素的生态状态，建立全流域环境风险管控体系，需要开展乌梁素海流域生态环境物联网建设与管理支撑项目，主要包含生态环境基础数据采集体系的建设、生态环境数据传输网络的建设、建设生态环境大数据分析平台、智慧生态环境管理体系建设。

（1）生态环境基础数据采集体系的建设，主要从生态环境基础数据采集建设项目、地下水监测建设项目、补排水及生态补水水文自动化测报系统建设项目、湖区生态天眼智慧监管系统及农业面源污染监测系统建设5个方面进行，从而完成中央环保督察布置的治理任务，打赢污染防治攻坚战。

（2）生态环境数据传输网络的建设，主要是搭建生态环境数据传输网络平台。在平台内部，通过专有网络隔离产品，可按需对不同级别的应用区域进行划分；在平台外部，通过混合云专线接入方式，与目前内蒙古环保专网上的各类系统进行对接，同时可对政务外网上其他相关厅局等数据进行接入。

（3）建设生态环境大数据分析平台，采用分布式体系架构设计，并使用云服务技术，保障平台具有可收缩性，节约整体建设成本。其中，大数据平台基础设施包含平台运行的服务器、存储设备及数据呈现的显示屏。

（4）智慧生态环境管理体系建设，在前述监测网络、传输网络及数据分析平台的基础上，建设包括突发事件预警处置平台、专家决策支持平台、项目管理与评价平台、山水林田湖草沙项目基本信息展示平台及绿色发展支撑平台等6部分内容。

2.3.6　试点工程的后期养护运营

按照各项目的技术标准与要求，针对各个子项目中的重点关注工程，分别确定了其对应的后期养护运营具体措施，如表 2.5 所示。

表 2.5　养护运营措施

工程类别	工程名称	措施
沙漠综合治理工程	乌兰布和沙漠防沙治沙示范工程	沙障维护：加强巡护，当破损面积比例达 60%时，需要充分利用残留沙障重新设置沙障，沙障规格适当加大
矿山地质环境综合整治工程	乌拉山小庙子沟崩塌、泥石流地质灾害治理工程	重点地区撒播草籽后对治理区内植被进行洒水等管护
水土保持与植被修复工程	乌梁素海东岸荒漠草原生态修复示范工程	草原植被养护：管护工作除防止人畜破坏外，还需移密补稀，并组织专人进行管护
	乌梁素海周边造林绿化工程	养护：根据实际情况酌情实施补水、施肥、修剪等措施

2.3.7　试点工程的资料管理

在试点工程资料管理过程中，制定了《乌梁素海流域山水林田湖草生态保护修复试点工程档案管理办法》和《乌梁素海流域山水林田湖草生态保护修复试点工程影像资料收集管理办法》，邀请档案管理专家对参建单位档案资料整理和归档培训 2 次。对建设管理文件、立项文件、设计文件、造价管理文件等整理存档。使用科学的工程资料归档方法，保证项目实施过程产生的大量信息文档资料得到有序存储，保证归档资料可有效追溯每一项工作过程。主要分为两种：一是建立文档编码制度，保证每一份项目资料有固定编号存档，提高信息检索效率；二是建立试点工程资料文档制式模板，保障信息的规范、准确。

2.3.8　试点工程的质量

工程质量，顾名思义，指的是工程的合格率和优良率。在排除人为因素的影响造成重大危险性事故的前提下，施工单位应提早树立“完美组织、高效管理、文明施工、安全第一、准时完工”理念，建立“工程质量好”的实施标准，依靠精湛的技术、完美的工艺、科学的管理、细心安全的施工，确保实现“工程质量好”这一目标。为达到“工程质量好”这一目标，试点工程制定了相应的实施标准：

（1）明确在此项修复试点工程中涉及的各项技术标准与要求，其中主要包含沙漠综合治理标准、矿山地质环境综合治理标准、山水与植被修复标准、河湖连通与生物种类多样性标准、乌梁素海湖体水环境保护及修复工程标准、生态环境物联网及管理支撑等。

（2）强化施工质量管理，将质量作为现场施工的重点，通过梳理整体观念，数次强调施工过程中每道工序的质量，采取定期抽查及突击检查的方式把控质量关口，严格检查，当发现质量问题时及时与上级联系；定期召开质量专题会议，明确责任人与整改时间，设立质量奖惩制度，对整改不力的施工单位进行严惩，并加强施工质量学习，时刻牢记施工注意要点。

（3）抓好安全生产建设，认真贯彻国家、地方等对安全建设的政策，严格执行相应的安全生产要求；对项目建设过程中出现的事故一定搞清楚原因及追究责任人。依据相关法律、法规、规范以及相关管理制度编制了《乌梁素海流域山水林田湖草沙生态保护修复试点工程安全文明施工管理办法》和《乌梁素海流域山水林田湖草沙生态保护修复试点工程质量管理办法》，明确了建设单位、全过程咨询单位、工程监理机构和工程总承包单位质量管理职责，以竣工验收标准和相关规范为准绳，严格核查每一项作业任务的质量情况，狠抓每一项细节，全方位保证试点工程施工质量优良。对安全隐患排查整治进行全覆盖、零容忍，严格执行施工质量标准，建设过程中未发生安全事故和质量事故。

（4）科学规范档案整理，认真按照《乌梁素海流域山水林田湖草沙生态保护修复档案管理办法》要求，将工程资料进行科学有效的归档，做到项目档案分类准确、排序科学、编目规范，确保归档资料真实、有效、完整。

（5）扎实做好竣工验收，编制试点工程验收标准，推进子项目的收尾工程，保证验收资料齐全，严格把好验收关卡，核实绩效目标及方案完成情况，扎实做好竣工验收。

（6）加强审核监管：主要是加强对勘察、设计文件的审核及施工过程中的质量监管，一旦发现违反法律的勘察设计文件，及时指出并退回，保证设计文件的合法合规性及强制性监督标准的贯彻实施，加强对施工过程中的质量管理。

（7）在试点工程中引进绩效评估，委托国内知名评估机构对试点工程进行评估，即开展项目建设全过程绩效评估、搭建专家决策支持平台，制定绩效评估标准、全面体现试点工程为乌梁素海带来的价值和意义。

（8）在试点工程实施前邀请国内生态环境治理专家为试点工程提供技术指导，组织专家培训，在各行业主管部门开展专项领域培训，提升各行业工作人员的技术水平。

（9）编制试点工程规范及技术标准等指导性文件，为试点工程实施提供规范的参考和依据。

2.3.9　试点工程的安全

生态保护修复试点工程的安全是以确保生态系统的健康、安全和稳定为目标的。在进行生态修复工程时，需要考虑以下安全问题：

（1）保护生态环境：生态修复工程不能对原生态环境造成污染或破坏，应采取科学、合理的方法，保护生态环境的完整性。

（2）防止生态灾害：生态修复工程需要考虑到各种自然灾害的发生，如洪水、地震等，应采取预防措施，保障修复工程的稳定性和安全性。

（3）保证施工安全：生态修复工程中涉及土方开挖、搬运、加固、护坡等施工作业，需要加强管理和监督，确保施工过程中的安全。安全文明是每个工程的重中之重，加强安全文明建设，高度重视安全建设工作，建立健全安全责任体制主要体现在以下 4 个方面：

严格贯彻落实各项规定。认真贯彻执行国家、自治区、市相关行业主管部门颁发的安全生产、安全技术劳动保护方面的法令、法规、规章制度，严格执行建设单位、管理单位的安全生产要求。

建立安全台账。对出现的安全事故按“事故原因不清不放过，事故责任者不明确不放过，事故责任者和群众没有受到教育不放过，没有防范措施不放过”的原则进行调查、分析、处理、上报，并提出今后的预防措施。

坚持“预防为主、安全第一”的原则。严格抓好项目现场防火、防爆、用电工作，做好检查登记。

明确安全责任。建立现场安全文明管理责任制度，确定各施工片场安全文明责任人，创造良好的安全文明施工环境和氛围。

（4）排除社会矛盾：生态修复工程可能会引起社会矛盾，如土地征用、拆迁等问题，需要做好社会稳定工作，加强协调、沟通和解决问题的能力。

（5）承担社会责任：生态修复工程不仅是一项技术工程，而且是一项社会责任，需要承担起环保、公益、人文等多种责任，确保修复工程的可持续发展。

2.3.10 试点工程的进度

根据上报的工程进度进行科学的倒排工期，在确保工程质量的前提下，力争“三年工程两年完”，确保工程可以按时按质交付。针对“工程进度好”这一目标，SPV 公司制定对应的实施措施：

（1）提前做好办理各类手续的准备工作，明确试点工程报批报建的各类程序、各类审批部门落实好各自的主体责任，全力推进手续的办理，保证项目手续的完整性；建立项目手续办理“作战图”，并定期更新各项目的立项进度及代办事项的时间节点；明确各项目各阶段各单位的手续办理联系人的联系方式，加强两者之间的沟通与协调，提升手续办理效率；针对手续办理过程中遇到的疑难点定期召开会议协调解决；邀请相关部门介入手续办理工作，关注手续办理进展，保障手续办理工作的高效有序。

（2）在工程设计方面，优先发布工程技术指南，在保证设计质量的前提下，通过挂图作战、各行业主管部门的指导作用及良好的沟通机制，确保设计工作有条不紊地进行。

（3）现场施工，根据项目交工的节点，合理倒排工期，明确设计施工的关键节点，严格按照进度并及时督促总包公司加快工期，如进度出现偏差，则应及时纠正，确保施工按照计划进行；在施工过程中，强化施工组织，确保按计划将机械、材料及资源等及时投入工程建设过程中；当施工面临社会矛盾而影响施工进度时，通过建立问题清单，明确解决问题的时间节点和责任人，及时上报上级政府。

（4）进度计划分级管理标准，将试点工程进度计划分为三级，其中第一级工程总进度计划是最高级计划，可以很好地控制二级、三级计划；二级计划指的是设计进度、采购招标、月度计划等，受一级计划的控制；三级计划指的是 EPC 总承包单位周计划、施工主材料进场计划等，同样它受一级计划和二级计划的控制和推动。

（5）建立进度计划奖惩标准，试点工程进度管理交由全过程咨询公司负责，建立严格和具体的工程进度对应的奖惩制度，按照周期对施工进度进行大检查，每月对总包公司的进度执行及落实情况进行考核，并将考核结果如实通报各总包公司，为项目考核经济奖罚提供基础数据。

2.3.11　试点工程的资金匹配

在试点工程各个子项目的建设过程中，资金财务的管理始终扮演着至关重要的角色。在资金管理时，时刻坚持统筹规划、合理分配、统一实施、逐步递进的理念，避免出现资金挪用、套用等不合规、不合法的操作，保证资金的使用过程公开透明高效，从而确保实现工程创优绩效目标，最终保证试点工程投资可控、顺利实施。

要顺利达到“资金匹配好”这一目标，需制定的实施标准包含：

（1）资金匹配原则：多渠道筹措资金，合理规划试点工程与防护林工程建设、环境污染防治、水利建设等涉及的资金，较好地形成以财政投入为基础、社会力量广泛参与的投融资机制和项目实施合力。

（2）资金匹配范围：包含国家、自治区及市政府分配给试点工程的专项资金及社会资本。

（3）争取上级资金：根据项目当前的基础，巴彦淖尔市的市直各部门努力做好本市与厅局、国家部委的衔接，并为试点项目争取更多的国家资金。

（4）加大地方投入：强化地方主体责任，巴彦淖尔市政府主动承担自己筹措资金的责任，并按照“渠道不变、责任不变、统筹集中、各计其绩”的原则，集中优先试点工程的资金，对污水、垃圾等项目，要督促社会资本早日到位，避免影响项目进展，且确保资金及时到位。

（5）各司其职，各负其责：在试点工程中涉及的市政府的各个部门需要担负起相应的职责，避免影响项目的推进速度；对污水、垃圾等项目，充分合理利用社会资本；淖尔公司采取有效措施，按期引入社会资本。

（6）资金筹集计划：积极向中央争取的20亿元财政资金在项目实施期限内下达，地方政府自筹20.86亿元，之后淖尔公司引入10亿元的社会资本，并实时追踪资金到位情况，亦可酌情考虑市县配套资金及社会资本的引入，下属单位亦定期汇报资金到位情况。

（7）资金拨付时限：自治区财政按照相关规定，足额及时下达中央、自治区财政资金，市县财政根据项目进展拨付资金，不影响项目进展；社会资金足额及时到位，不增加政府隐形债务，合法合规举债。

（8）资金使用情况：按照市财政局会同有关部门制定的《乌梁素海流域山

水林田湖草生态保护修复试点工程资金管理办法》《乌梁素海流域山水林田湖草生态保护修复试点工程资金申请拨付操作流程》的相关规定使用拨付资金，遵守相关的法律法规及财务管理制度。

（9）不得随意更改资金用途：试点项目专项资金不得挪作他用，且资金使用调整情况应及时向联席会及市财政局汇报。

（10）开展绩效评估：根据《乌梁素海流域山水林田湖草生态保护修复试点工程资金绩效评价办法》，地方政府需按照“谁主管，谁负责”的要求，加强对资金使用、项目实施情况的监督检查与绩效评估，做到资金到项目、管理到项目、核算到项目、责任到项目，做好绩效评估目标申报和自评工作。

2.3.12　试点工程的验收

在试点工程的竣工验收方面，首先需要编制《乌梁素海流域山水林田湖草生态保护修复试点工程管理办法》，在各子项目实施后期重视收尾工程，督促施工单位认真完成，保障竣工验收资料准备到位，做好工程竣工预验收，严格做好验收把关，核实绩效目标、实施方案完成情况，全方位做好竣工验收工作。根据《乌梁素海流域山水林田湖草生态保护修复试点工程管理办法》，按照“成熟一个，验收一个”的原则，组织行业主管部门及相关单位对各子项目的组织管理、工程质量、资金管理使用、工程效果及管护和档案资料管理等方面进行工程验收。根据内蒙古自治区自然资源厅、财政厅和生态环境厅印发的《关于商请推进“乌梁素海流域山水林田湖草生态保护修复试点工程”验收工作的函》（内自然资函〔2021〕820 号）中对验收工作程序的要求，验收分四个阶段，即内部验收→子项目初步验收→工程整体验收→复核，且依次进行、互为制约。

2.3.13　试点工程的移交、管护

在试点工程移交的过程中，由行业主管部门和 SPV 公司共同管护。在正式

移交之前，需首先成立移交委员会，主要成员包含建设单位、工程总承包公司、接收单位及全过程咨询公司。移交内容主要分为三类：项目实体移交、文件资料的移交及权利移交。

实体移交的具体内容指：

（1）设计范围内的相关内容和配套工程及材料；

（2）器材和备品备件；

（3）建设单位和工程总承包单位拥有的项目资产。

文件资料移交的具体内容指：

（1）建设单位、全过程咨询公司审核过的工程总承包单位负责编制各项目的《档案文件资料移交清单》；

（2）文档资料的移交：项目前期资料；项目竣工资料；项目管护资料、制度、记录、档案等，各类监测资料，修理记录，项目对外签订的所有合同、文件等；各类成套设备使用说明书及有关的装配图纸、使用规范；财务资料；移交的设施量清单资料及记录；

（3）后期资料：项目测试报告、项目后评价资料、项目档案资料移交清单、项目移交报告等。

权利移交主要有：

（1）建设单位及项目工程内容的所有权利、所有权的移交；

（2）工程总承包单位将所有承包商和供应商提供的尚未期满的担保及保证无偿移交给接收单位，并将保险单、暂保单和保险单审批单移交给接收方；

（3）将此试点工程在此期间形成的商标、专利、软件、版权、专有技术及所有知识产权或无形资产的文件移交给接收单位。

2.3.14　试点工程的财务审计

试点工程的财务审计，是指对试点工程的财务收支、资金使用情况和财务报表等相关财务信息进行审查核实的工作。其目的是确认试点工程的财务活动是否符合相关法规和规定，资金使用是否合规、规范，财务报表是否真实、准确，为进一步推进试点工程提供可靠的财务数据支持。为实现财务审计好，从 2 个方面展开描述：一方面是项目管理；另一方面是财务管理。

在项目管理方面，坚持绿色高质量发展，严格执行项目建设的基本流程，确保招标工作的公开透明、合规合法，在保证工程质量的前提下，促使试点工程创优实现社会效益、经济效益、生态文明效益。

在财务管理方面，严格监督资金的来源、管理、划拨及使用，确保资金可以合理规范地使用，避免资金出现挪为他用的现象，严格控制项目管理费用、业务招待费用，避免出现项目管理费和业务执行费超支的问题。加强项目成本核算和票据管理，避免出现虚增建设成本和不合规票据问题。通过对工程进度的工程款拨付的监督，促进建设单位提高资金管控水平、避免资金风险。

财务审计好的实施标准为：

（1）依据《中华人民共和国会计法》《内蒙古自治区人民政府财政项目资金管理若干规定》《乌梁素海山水工程资金管理办法》及《乌梁素海山水工程资金申请拨付操作流程》等相关管理办法，严格贯彻落实习近平总书记对内蒙古“一湖两海”的重要批示指示精神，落实水生态和环保方面的政策；认真贯彻执行内蒙古自治区党委、政府关于加快推进自治区生态文明建设实施意见、内蒙古自治区生态文明建设目标考核办法等政策和要求；认真执行巴彦淖尔市委、市政府印发的《巴彦淖尔市贯彻落实习近平总书记关于“一湖两海”生态环境重要批示精神实施方案》《关于坚决整改中央环保督察“回头看”反馈问题加快推进乌梁素海综合治理的实施意见》《关于推进乌梁素海点源污水治理专项工作实施办法》等 5 个配套办法等。

（2）项目立项、申报和批准方面：首先将所有工程立项，并依据国家相关规定实施可行性研究及初步设计工作，交由当地发展和改革委员会批复、核准、备案，主管部门根据规定对相关成果文件进行批复。

（3）项目建设程序履行方面：严格执行基本建设程序，落实招标投标、合同制度、监理制度。在履行过程中，项目建设必要程序不得倒置、省略、合并。

（4）项目资金分配、管理和使用方面：完善资金管理制度，在资金拨付过程中，审核流程规范，签字手续齐全，保证项目资金做到专款专用且及时到位，避免出现资金被滞留挪用、违反中央八项规定及擅自扩大开支范围和标准等现象。

（5）工程投资和规模控制方面：多方位对工程进行科学预算，按施工图预算确定招标控制价，尽量减少项目实施过程中图纸等的变更，严格把控项目投资，单项工程完成后，及时进行造假审核和编制财务决算。

（6）工程绩效方面：对已完成的工程进行绩效评估，保证工程符合生态效益目标及社会效益目标，杜绝各种人为因素造成工期延误或效益低等各种损失浪费现象。

（7）财政公开方面：建立财务公开相应制度，定期公开收支情况，确保财务受到相应的监督，并对财务实施定期的审计等。

2.3.15 试点工程的廉政建设

工程创优过程必须保证投资招标等全程公开透明，建立严格的规章制度，彻底杜绝各市、县、旗、区，各级单位及参建企业的腐败现象，实现工程的廉政建设。试点工程的廉政建设是指在试点工程中注重加强廉政建设，通过制定有效的廉政制度和措施，确保工程的规范、安全、高效推进，确保公共资源的合理利用和公正分配。廉政建设的核心是防范腐败，其中包括对工程建设过程中各方参与者的行为进行规范和监督，以及严格执行有关法律法规和管理制度。

为实现工程廉政建设，制定的实施标准包含：

（1）廉政教育建设：加强教育、宣传、监督等方面的工作，推进公共服务的透明化、公开化以及管理和服务的标准化。通过试点工程的廉政建设，可以提高公众对政府工作的满意度和信任度，促进公共资源的合理分配和利用。首先是需要定期对项目相关人员进行廉政教育，重点学习《中国共产党党章》《中华人民共和国监察法》《中国共产党纪律处分条例》《中国共产党廉洁自律准则》《国有企业领导人员廉洁从业若干规定》等规定，提高工作人员的自我防腐意识，做到不想腐、不敢腐、不能腐。

（2）健全制度建设：须健全项目资金管理、资金拨付及财务运行等制度，严格执行工程招标、合同制度、监管及检查制度，严格监督权力集中部门、资金密集部门、资源富足部门及监督部门等部门资金流向。

（3）严查各种不廉洁行为和腐败问题：在公共场所公开举报电话，及时受理项目腐败问题，并公布处理结果，起到警示作用；充分运用项目审计、项目监管、巡察监督的成果，从中发现各种不廉洁行为和腐败问题；坚持反腐败无禁区、全覆盖、零容忍，坚持行贿受贿一起查，领导和从事相关建设项目的工作人员也必须廉洁自律，严格履行党风廉政建设责任制，杜绝项目相关人员出现各类违法违纪行为和腐败问题。

2.3.16　试点工程的绿色产业发展

通过建设试点工程，实现该流域生态环境的改善，促进巴彦淖尔市生态产品供应能力的发展，使“天赋河套”授权的系列产品更快地打开市场，激发全市农牧民和各类经营主体紧跟品牌战略、生产高品质农畜产品的积极性，实现区域绿色产业良性发展。

为实现绿色产业发展好的目标，制定的实施标准包含：

（1）提升优质生态产品供给能力：依据《绿色食品产地环境质量》《绿色食品农药使用准则》《绿色食品肥料使用准则》等技术标准，对种植业和养殖业的技术及管理方面进行了详细的研究分析，制定了防疫饲养等方面的规定。

（2）推进“天赋河套”品牌建设：采用《中华人民共和国商标法》《中华人民共和国商标法实施条例》《“天赋河套”农产品区域公用品牌管理办法（试

行)》等作为主要技术依据，在申请、使用及管理方面提出了具体的实施步骤，为河套地区优质绿色产品建立属于自己的品牌并推向全国甚至走向世界。

（3）推进产业融合发展：依据《关于推进农村一二三产业融合发展的指导意见》《内蒙古自治区人民政府办公厅关于推进农村牧区一二三产业融合发展的实施意见》及《关于加快推进河套全域绿色有机高端农畜产品生产加工输出基地建设的意见》等规定，以“六大产业”22个优势单品高质量发展为核心，延长产业链，提高产品质量，围绕优势单品推进产业领跑，深入推进“两端一链”“两品一保”“三建一护”三大行动，深化推进农业侧经济性改革，全面建设河套地区绿色有机高端农产品加工基地，推动巴彦淖尔绿色高质量发展。

（4）推进生态治理与绿色产业协同发展：依据《关于贯彻落实习近平总书记对河套灌区发展现代农业提升农产品质量重要指示精神的实施意见》《巴彦淖尔市推进涉农涉牧资金统筹整合实施办法（试行)》《巴彦淖尔市“四控”行动一个意见和四个办法》等，此试点工程全面开展控肥、控药、控水、控膜“四控”行动，引导农民进行绿色生产，对农产品的废弃物实施全面回收，并推进生态治理与绿色产业协同发展，促进沙漠生态环境改善，推动乌梁素海流域高质量绿色发展。

2.4 运用多源流理论分析优质工程建设政策形成过程

多源流理论是20世纪80年代中期，由约翰·金登在《议程、备选方案与公共政策》一书中提出。多源流理论认为，一个项目被提上议程，是由于在特定时刻汇合在一起的多种因素共同作用的结果，而非它们中的一种或另一种因素单独作用的结果。金登把这些因素总结归纳为问题源流、政策源流和政治源流，三条源流的交汇则会打开政策之窗，从而对政策的变迁产生影响。

问题源流关注问题的定义，包括问题是怎样被认知的，以及客观条件是如何被定义为问题的；政策源流在于针对政策问题而提出的各种建议，通常以法规、讲话、文件、交谈等形式出现；政治源流涉及政治对于问题解决方案的影响，包括对民众情绪、公众舆论、选举政治和利益集团等的考虑。

2.4.1 问题源流

尽管近年来乌梁素海流域环境治理成效显著，但地质环境问题、沙漠化、草原退化、水土流失、土壤盐碱化、水环境质量差等生态环境问题仍然存在，威胁相关流域生态系统的结构和功能，其损坏程度、退化趋势明显，通过建设优质工程，以保护黄河中下游的水生态和我国北方的生态安全的行动迫在眉睫。

2.4.2 政策源流

巴彦淖尔市委、市政府于 2019 年 4 月印发了《乌梁素海流域山水林田湖草沙生态保护修复试点工程实施方案》，联席办于 2020 年 1 月印发了《乌梁素海流域山水林田湖草沙生态保护修复试点工程项目管理办法》明确了指挥部及联席会议、市、旗县区、行业主管部门、建设单位职责，分工协作推进工程建设，为优质工程建设提供科学的指导。

2.4.3 政治源流

SPV 公司、上海同济咨询有限公司和中国环境科学研究院相关工作人员前往巴彦淖尔市乌拉特前旗、磴口县和临河区对试点工程开展公众满意度调查工作。本次公众满意度调查共收集 165 张调查问卷，对项目持满意态度为 152 人次，满意度比例为 92.12%。在项目实施过程中，民众积极配合，在项目取得初步成效后，民众纷纷进行“打卡”旅游，用实际行动支持项目建设，为优质项目进行宣传。

2.4.4 三流汇合开启优质工程建设之窗

综上所述，当问题源流、政策源流和政治源流汇合到一起，政策窗口就打开了，在社会各界的努力下，试点工程建设顺利进行，该项目具体实施情况及所取得的成就将在本书 2.5 节作更具体的介绍。

2.5　实践探索入选成功案例及修复工程的经验总结

2020 年 12 月，自然资源部公布了《社会资本参与国土空间生态修复案例（第一批）》名单，内蒙古巴彦淖尔市乌梁素海流域山水林田湖草沙生态保护修复试点工程本着发展理念、发展融合、实施途径及投融资模式的创新思想成功入选，这是全国唯一入选的山水林田湖草综合治理项目。此试点工程是指在特定区域进行探索性实践，旨在验证新技术、新模式和新理念的可行性和实用性。针对水生植物资源化综合处理工程生态修复这一案例，其创新性在于利用生物学、化学、物理学等多种学科知识，利用水生植物的生长代谢作用和吸附作用，实现水质净化和废物资源化的双重目标。通过诸多措施，如建立人工湿地、增加氧气供应、调节水质等，成功实现水环境的生态修复和恢复，同时带来了显著的经济效益和社会效益。该试点工程的成功经验可以为其他区域和领域的生态修复提供借鉴和参考。

2.5.1　项目概况

乌梁素海流域地处内蒙古西部巴彦淖尔市境内，受地质运动、黄河改道和河套水利开发影响而形成，是我国“两屏三带”生态安全战略格局中“北方防沙带”重要组成部分。但乌梁素海流域长期处于无人治理的状态，且由于过度开垦放牧、围湖造田及开采矿山等，同时由于工业废水、城镇生活污水以及农业废水的大量排放，导致流域内沙漠严重化、草原退化、水土流失、生态环境恶化、土壤盐碱化、生物种类锐减等生态环境恶化问题日益凸显，流域生态系统结构和功能损坏严重、退化趋势明显，作为“北方防沙带”的生态屏障功能也逐渐下降。2018 年 3 月，习近平总书记参加十三届全国人大一次会议的内蒙古代表团审议时强调，“要加快呼伦湖、乌梁素海、岱海等水生态综合治理”“在祖国北疆构筑起万里绿色长城”。同年 10 月，乌梁素海流域山水林田湖草沙生态修复工程列入山水林田湖生态保护修复项目第三批工程试点，中央财政下达基础奖补资金 20 亿元。在城镇和工业园区，实施点源污水“零入海”工程，做到城镇生活污水和工业废水全收集、全处理，在河套灌区开展控肥、控药、控水、控膜，减少农业面源污染等举措；在乌梁素海湖区，开展内源治理，除了生态补水之外，实施入湖前湿地净化、网格水道、芦苇加工转化等措施，促进水体循环，改善湖区水质。为严格贯彻习近平生态文明思想，依据试点工程的“工程建设”“产出效益”“特色亮点”三大重点关注指标，实现工程质量好、工程进度好、资金匹配好、财务审计好、廉政建设好、绿色产业发展好“六个好”的目标，力争使山水林田湖草沙修复试点工程成为西北地区工程项目的典范、绿色发展的典范、防风固沙的典范，使乌梁素海生态环境持续改善和绿色高质量发展，提升“北方防沙带”生态系统服务功能，保障黄河中下游水生态安全，打造“看得见、摸得着、较先进、可复制”的全国山水林田湖草沙生态治理“样板”。

试点工程于 2019 年 2 月 2 日获国家批复，2019 年 4 月 16 日正式开工，项目参与方众多，包含政府部门及众多企业，主要有淖尔公司、中交三公局、中国建筑一局、上海同济咨询有限公司、信达资产、博宁资产、中建西北市政设计院、甘肃勘察设计院及中交公规院参与建设。试点工程涵盖山、水、林、田、湖、草、沙七大生态要素，试点工程共七大类、35 个子项目，总投资 50.86 亿元。此工程涉及区域分布覆盖面积高达 1.63 万 km^2，包括河套灌区、乌梁素海海区、乌拉特前旗、乌拉特中旗和乌拉特后旗的阴山以南部分。

试点工程建设初期就以詹天佑奖、梁希林业科学技术奖及中国生态文明奖等众多奖项为建设标准，其间编制了多项策划书及创优工作指南，确保一次性成优。在工程建设过程中，积极进行科技创新、推进新技术的应用及绿色施工。

2.5.2 主要做法

1．明细责任清单，制定规章制度

在试点工程中，实施工程责任清单、项目管理办法等一系列举措，并建立工程建设信息化管理体系，采用第三方全过程工程咨询服务管理模式，为项目决策、实施和运行全过程提供技术支持。

2．确定修复思路，系统稳妥推进

为将试点工程建设为我国北方的重要生态屏障，此试点工程聚焦于提升生态系统功能和保障黄河中下游水生态安全，围绕流域内沙漠、矿山、林草、农田、湿地等生态要素展开整体保护、系统修复、综合治理、分时分步分区域，重点考虑资金年度投入强度，可行性及实施能力等，先行启动对生态安全格局产生重大影响的工程项目。

3．创新融资模式，强化社会资本合作

通过对此试点工程的投资、建设、运营和基金管理进行公开招标，确定投资人为 7 家公司联合体（6 家国企和 1 家民企），由中国信达全资子公司——信达资本管理有限公司发起，联合巴彦淖尔市政府投资平台，央企工程主要实施方及战略投资人共同出资设立专项基金。

2.5.3 运作模式

试点工程采用“专项基金+DBFOT[①]+补充耕地指标收益还款”模式实施。项目合作期为 6 年，其中建设期不超过 3 年、运营期为 3 年，基金与中标社会资本方共同成立项目公司。

2.5.4 主要成效

（1）生态效益方面，此试点工程自实施至 2020 年以来，已治理乌兰布和

① DBFOT 是指设计、建设、投资、运营、移交。

沙漠综合面积 4 万余亩，有效遏制沙漠东侵，阻挡泥沙流入黄河侵蚀河套平原。该试点工程完成后，乌梁素海流域沙漠化进程得到控制，受损山体得到修复，矿山地形地貌景观恢复 60%，乌拉山自然保护区及周围生态环境综合整治和修复效果良好；乌梁素海得到充足的生态补水，该项目内河道水动力和水循环水质也得到进一步的改善，湖体和湿地的生态环境大幅改善，流域内栖息的动物数量及物种等明显增加，区域稳定性及生态系统的服务价值得到显著提升，生态环境得到切实有效保护，提高了生态服务功能，筑牢了我国北方生态安全屏障。

（2）经济效益方面，通过一定区域内所产生和形成的经营性资源，如在防沙治沙的同时，开展梭梭树林人工接种肉苁蓉，产出肉苁蓉名贵中药材；秸秆资源化利用项目可以生产生物质天然气、有机肥等产品，从中获取经济收益；在乌梁素海底泥处置实验示范工程中，投入的鱼类、螺类及贝类等水生生物在成熟后也可作为水产售卖。除了直接经济收益外，乌梁素海湖区及周边人工湿地自然景观得到整体提升的同时还会带动旅游业发展，增加就业机会。同时，新增部分碳排放交易，新增改良土地租赁等潜在经济效益。“天赋河套”品牌应运而生，并形成“天赋河套”品牌效应，在该品牌授权的 12 家企业中，53 类产品溢价 25%以上，带动该地区优质农产品整体溢价 10%，积极提升河套地区农产品知名度，增强了地区市场竞争力，相应地增加了当地居民的人均可支配收入。

（3）社会效益方面，以现代农牧业、清洁能源、数字经济、生态旅游为代表，以经济社会发展与生态环境保护相互协调、相互促进为目标，形成新型绿色产业发展格局，助力河套区域绿色高质量发展，使乌梁素海及周边群众生产生活得到明显改善，加快贫困人口脱贫步伐，维护边疆安定团结，扩大生态产品供给能力，使政府、企业和区域群众对环境污染治理和生态保护修复的重要性和价值有更充分的认识，进一步增强各方生态责任意识和绿色消费意识。该试点工程的实施也带动了区域农、林、牧、渔等第一产业和生态旅游、农家乐等第三产业发展，提高了防洪减灾的能力及生态环境管理能力，通过生态系统服务价值评估计算，乌梁素海流域山水林田湖草沙生态保护修复试点项目产生的生态系统服务总价值为189 076.14万元。

2.5.5 案例分析

乌梁素海由于多年受到水生植物腐化和上游农业面源污染等因素影响，水体富营养化较为严重，生态功能退化。为切实抓好乌梁素海的生态综合治理，2019年4月，乌梁素海流域山水林田湖草沙生态保护修复试点工程正式启动，针对芦苇等水生植物造成的内源污染，提出加快推进水生植物处理，批复安排水生植物资源化利用项目，项目坚持源头治理原则，保护乌梁素海全流域生态系统，巴彦淖尔市依托自然资源部等部门的项目和资金支持，整合地方配套资金，引入社会资金和技术，采取多种措施，对乌梁素海主要的内源污染物芦苇、水草进行全面治理，如今湖区生态修复效果显著，并取得良好的社会、经济和生态效益，形成可复制、可推广的生态修复样本。

1．问题

乌梁素海水生植物沉积物是湖泊内源性污染来源，在上覆水体污染物浓度降低的情况下会逐渐释放氮、磷等营养元素，2017年内源污染物化学需氧量、氨氮、总氮、总磷的入湖量分别为577.8 t/a、122.1 t/a、269.1 t/a、59.4 t/a，湖泊富营养化程度加剧。芦苇、水草是乌梁素海地区主要的水生植物，占湖区总面积的50%以上。芦苇水上部分每年腐烂沉落，水草死亡沉积，湖底以每年6～9 mm的速度提高，大量的水生植物得不到利用，沉积湖底腐烂分解后对湖水造成严重的污染。

图 2-1　乌梁素海芦苇腐烂沉落

图 2-2　乌梁素海水草

2．措施

（1）对湖区芦苇、水草进行收割。湖区芦苇、水草经济效益差，当地群众收割意愿低，每年大量芦苇、水草腐烂在水中，对湖区水体造成影响，2018 年开始对乌梁素海湖区每年 22 万亩（约 10 万 t）芦苇进行收割、拉运到岸边打包堆放，2022 年开始收割水草，控制水体富营养化，改善水质及水体环境，减少生物填平作用，延缓沼泽化进程，维护生态系统平衡，并为下一步资源化利用做好储备。

（2）引进专利技术实现芦苇资源化利用生产无醛芦芯板。淖尔公司和内蒙古乌梁素海流域投资建设有限公司多次前往北京、江苏、湖北武汉、河南信阳、山东济宁、辽宁盘锦、安徽合肥、河北白洋淀、上海的同济大学等地对芦苇制浆、制纤维板及污水处理进行深入调研和考察，并与吉林轻工设计院、河南省轻工研究院及制浆生产企业技术人员座谈，研究确定芦苇资源化技术路线和技术应用。通过请教专家、向科研机构咨询、实地考察等多种方式，2021 年 12 月选定以天然芦苇为原料生产无醛芦芯板的技术，通过与盘锦积葭生态板业有限公司合作建厂，引进社会资本，2022 年年底建立年产 15 万 m^3 芦苇刨花板生产线，年可利用芦苇 15 万 t，完全消纳乌梁素海湖区年产全部芦苇，还可带动周边芦苇产业，大大提高当地群众收割意愿；以苇代木，每生产 1 m^3 无醛芦芯板将减少 3 棵 10 年龄大树的砍伐，项目落地，每年将减少 45 万棵 10 年龄大树的砍伐；采用先进生产工艺，不使用化石能源生产废料、废气循环利用且无固体废气、废水排放，助力国家碳减排目标的实现，每生产 1 m^3 无醛芦芯板将减排 1.2 t 碳排放；无醛芦芯板不含甲醛等其他有害物质，无异味，市场认可度高，产品销量好，为乌梁素海湖区芦苇收割带来良性驱动。

（3）整合扶贫专项资金建设黑木耳菌包厂。聘请黑龙江省牡丹江市的专家经过 3 年多研究试验，成功地实现了用芦苇生产优质木耳。2019 年 9 月，内蒙古乌梁素海实业发展有限公司申请专项扶贫资金建设芦苇种植黑木耳项目，芦苇是富含纤维素、木质素的禾本科植物，是生产食用菌包的重要原料，能种植多种食用菌。相比较传统用木屑生产食用菌包，芦苇生产食用菌包生产成本低，产品质量好，市场销售供不应求，同时也节约林业资源消耗。该项目年利用芦苇

1 万 t，2020 年 10 月已投产运营，截至 2021 年年底已资源化利用芦苇 1.17 万 t。

（4）引导社会企业生产生物质燃料。2018 年 9 月，内蒙古乌梁素海实业发展有限公司积极招商引资，以资源化利用为产业方向，引进巴彦淖尔市芳美新能源科技有限公司投资建设生物质燃料项目，该项目利用乌梁素海湖区芦苇，生产生物质燃料，产品芦苇颗粒挥发分含量高，燃点低，易点燃，能量密度大，燃烧持续时间长，可以直接在燃煤锅炉上应用；不含硫磷，燃烧时不产生二氧化硫和五氧化二磷，具有不污染大气、不污染环境的特点；生物质颗粒燃料燃烧后的灰烬是品位极高的优质有机钾肥，可回收创利；产品优势众多，市场前景较好。该项目年利用芦苇 2.2 万 t，2019 年 5 月已投产运营，截至 2021 年年底累计资源化利用芦苇 5.7 万 t。

（5）引入环保企业建设利用水草生产动物饲料项目。乌梁素海水草产量丰富，内蒙古农业大学研究表明，乌梁素海水草龙须眼子菜蛋白质含量在 12%左右，钙含量达 4%以上，经实际喂养试验表明，可用于猪、羊、牛、鸡、鸭、鹅等家畜家禽喂养，内蒙古乌梁素海实业发展有限公司引入内蒙古金鸿环保科技有限责任公司投资建设水草资源化利用试验项目，可收割 18 万亩湖底水草，建成后年打捞水草 18.7 万 t，年生产饲料 2.24 万 t；年产值 2 917.2 万元，纳税 291.7 万元。项目已与周边大型养殖场及农户签订饲料供销协议，市场前景好，销售渠道稳定。

（6）为造纸企业提供优质原料。内蒙古乌梁素海实业发展有限公司多措并举拓宽销售渠道，2021 年 5 月与大荔蔡伦纸业有限公司签订 5 万 t 芦苇销售协议，2022 年 1 月，与辽宁鹤海农业开发有限公司签订 5 万 t 芦苇销售协议。在保证当地资源化利用项目生产需要的情况下，使可能剩余的芦苇能够全部加工使用。

（7）引进生产厂家合作加工饲料添加材料。与巴彦淖尔市欣普爱多饲料有限公司、甘肃省武威益农饲料有限公司等建立销售合作，利用专利技术，为饲料生产加工提供优质材料。

3. 成效

试点工程作为一种实验性的项目，用于测试和验证新的政策、制度和方案，以寻找最佳实践和改进方法。其成效主要体现在以下几个方面：

（1）生态效益明显。乌梁素海水质由劣Ⅴ类提高到整体Ⅴ类、局部Ⅳ类，水体由轻度富营养状态改善为中营养状态；生物多样性持续恢复，近几年累计监测到共有鱼类 20 多种，鸟类 260 多种 600 多万只，其中国家一级保护动物 9 种、国家二级保护动物 17 种，包括列入国家重点保护的疣鼻天鹅、斑嘴鹈鹕、琵琶鹭等，每年秋天，从这里迁徙南飞的疣鼻天鹅可达 600 多只。治理工作取得了阶段性成效。芦苇收割资源化利用 18.2 万 t/a，水草收割资源化利用 18.7 万 t/a，芦苇代替木材生产人造板，年减少林业资源采伐 15 万 m^3，预计减少碳排放 18 万 m^3。

图 2-3 乌梁素海治理后

（2）经济效益显著。芦苇、水草资源化利用后变废为宝，无醛芦芯板厂、黑木耳菌包厂、生物质燃料厂及饲料加工厂总投入约 2.85 亿元，其中，财政资金投入 1.4 亿元，引入社会资本投入 1.45 亿元；年增加产值 41 167 万元，年上缴税收 2 540 万元，芦苇年销售收入可达 6 000 万元，带动渔场职工和周边农户增收 10%～20%；实现了“一次建设，多年受益；少量投资，大额回收”的良好成效。芦苇资源化利用不仅解决乌梁素海芦苇污染问题，还辐射带动周边湖泊湿地芦苇产业，形成以乌梁素海为中心的产业集群。同时由于生态环境改善带来的旅游收入年均增加 1 000 多万元。

（3）社会效益增强。无醛芦芯板厂、黑木耳菌包厂、生物质燃料厂、水草饲料厂建成后可向社会直接提供 390 个就业岗位，同时围绕工厂的物料和成品包装、运输、销售等业务还可创造大量的间接就业机会，有利于乌梁素海周边和当地群众；芦苇生产加工减少了堆放占用土地的面积以及由此造成的二次污染；乌梁素海芦苇资源化利用年生产黑木耳干耳 750 t，饲料 2.24 万 t，生物质能源 2 万 t，无醛人造板 15 万 m^3。这些数量较大的优质产品，能够更好地满足人们的物质生产生活需要。

图 2-4　乌梁素海治理后

2.5.6　案例总结

乌梁素海在芦苇资源化利用过程中，创新性地研究发明了多项国内国际领先的技术，这些技术实用性强且已经转化为工业化产品，彻底地消除芦苇、水草形成的湖泊内源污染，各个生产项目投资小、收益高，经济效益特别明显，生产的产品质优价廉，供不应求，同时形成了资金整合、投资合作和项目建设等多个科学高效的运作模式。成功地实践了财政资金支持下的生态产业化，开创了湖泊湿地内源污染生态产业化治理的全新路径。

我国湖泊湿地众多，每年生长产生的芦苇数量大，污染严重，乌梁素海芦苇资源化利用的做法如果能够广泛地借鉴应用，将会产生巨大的生态效益、经济效益和社会效益，意义十分重大。

2.5.7 经验总结

试点工程采取中央财政支持基础奖补基金，市级政府统一实施、建章立制，社会资本联合体建立基金开展“设计—建设—投资—运营—移交”的模式，以“用活政策、增强项目自身造血机能、创新金融服务”助力生态修复产业发展，且努力践行“尊重自然、顺应自然、保护自然”的生态文明理念，坚持问题导向和目标导向，立足当地实际，因势利导、因地施策，形成了一个“绿水青山就是金山银山”的生动实践。如此可为各地吸引社会资本参与生态保护修复提供借鉴，供各地在生态修复工作中参考。

2.6 本章小结

本章以工程的定义为切入点，通过对一般工程和生态修复工程在特征和执行标准方面的对比，强调了生态修复工程在环保、可持续性等方面的重要性。从不同的角度来探讨建设优质工程的重要性。首先，从管理学角度来看，优质的生态修复工程可以解决生态破坏问题，提高生态系统的可持续性，促进经济发展，也可以提高社会福利。其次，从经济学的角度来看，优质生态修复工程的建设可以保护自然资源，同时在促进经济发展的前提下提高政府、企业和居民的环保意识，降低净化生态环境的污染成本，并有效预防自然灾害。最后，从社会（声誉）角度来看，优质的生态修复工程可以提高政府的公信力，塑造政府和企业的形象，通过社交网络和媒体的积极引导，增强公众对生态修复工程的认可度。

在论述生态修复工程创优的方法时，本章详细阐述了生态调查与评估、生态系统重建、水土保持、采用新型生物技术、借鉴典型案例进行修复等方面的重要性，并以乌梁素海流域山水林田湖草沙生态保护修复试点工程为例，首先总结试点工程在组织机制、监测机制、项目运行机制、资金筹划、生态与产业并重、一体化修复和保护模式、工程总承包模式、创新市场化及多元化投入模式、聘请专业机构及强化监督管理、明确技术规范与标准方面的十大亮点，并详细阐释该工程在创优过程中的各项工作。试点工程总体以“工程质量好、工程进度好、资金匹配好、财务审计好、廉政建设好、绿色产业发展好”六个好的目标实施标准，在试点工程规划前期，根据“尊重自然，差异治理”的主要原则，按照“因地制宜、重点突出”的规划方法，结合现有的生态保护修复方案，将乌梁素海流域分为“四区、一带、一网”的格局。在设计方面秉承着系统性、前瞻性和专业性的理念，并通过方案设计将建设方对试点工程的实施目标转化为全局规划构思，再通过技术计算，将概念具体化，并付诸行动，最后再设计详细的施工图。在工程建设过程中，以生命共同体为指导原则，以突出环境为导向，对 6 个治理区域内的重点环境问题进行了保护修复，并部署了沙漠综合治理工程、矿山地质环境综合整治工程、水土保持与植被修复工程、河湖连通与生物多样性保护工程、农田面源及城镇点源污染治理工程、湖体水环境保护与修复工程及生态环境物联网建设与管理支撑七大重点工程项目，并同时开展廉政建设，多次开展廉政教育、健全制度及严查各种不廉洁问题，确保该试点工程公平公开。在资料管理过程中，通过按照制定的档案管理办法对各类资料整理归档，建立文档编码制度及制式模板，使其科学归档。在工程质量方面，通过强化施工质量管理、抓安全文明、扎实竣工验收、加强审核监管、引进绩效评估、组织专家培训及编制指导性文件等一系列措施，保证工程质量良好。在工程进度方面，提前办好各类手续的准备工作、优先发布工程技术指南、挂图作战及合理倒排工期、将进度进行分级管理、建立进度计划奖惩制度等措施确保工程进度良好。在资金匹配方面，保证资金匹配原则的前提下，坚持统筹规划、合理分配、统一实施、逐步递进的理念，争取上级资金，加大地方投入，按照财政拨付节点及时下拨资金，做到专款专用。根据工程验收的标准流程，按照内部验收、子项目初步验收、工程整体验收、复核 4 个阶段有序进行，确保严格按照“成熟一个，验收一个”的原则全方位完成竣工验收工作。在移交过程中，将全面移交项目实体、文件资料以及相关权利给接收单位。此举确保接收单位能够拥有完整的项目资产，包括项目成果、经验教训以及相关的知识产权。确保所有文件资料被完整归档并妥善保管，以保障项目信息的保密性和安全性，同时将为接收单位提供相关培训和支持，以确保项目的顺利移交和接收单位的顺利运营。

引入多源流理论分析政策的形成过程，并列举乌梁素海流域芦苇资源化利用的子案例。详细说明该案例通过实施收割湖区芦苇、水草，引进专利技术实现芦苇资源化利用生产无醛芦芯板，整合扶贫项目专项资金建设黑木耳菌包厂，引导社会企业生产生物质燃料，引入环保企业建设水槽生产动物饲料，提供给造纸企业优质原料及引进生产厂家合作加工饲料等一系列措施，使乌梁素海流域彻底消除芦苇、水草形成的湖泊内源污染，同时产生了巨大的生态、经济及社会效益，提供了一个完整的生态修复工程实施过程的案例，为其他生态修复工程的实施提供了有益的借鉴。

总之，本章内容兼备实际应用性和理论指导性，对生态修复工程的规划、设计、实施和管理均具有重要的指导意义，为促进生态修复工程的发展做出了贡献。下一章节将进一步深入探讨工程评优的相关内容，分析工程评优的原因、标准和方法，并通过案例解析来展示如何评估一个优质的工程。

第 3 章　工程项目创优评奖

3.1　工程评优的含义

工程评优，是指对某个工程项目进行全面的比较和评估，从而确定其在同类项目中的水平，以达到表彰和奖励优秀工程项目，并促进工程技术进步和推动管理水平提高的目的。评审的指标通常包括工程质量、技术创新、工期管理、安全环保等多个维度，评审标准则根据不同的领域和行业而有所差别。评优活动在全国和各地都有不同的组织形式和举办方式，如行业协会、政府部门、媒体等。通过评优，可以为行业树立榜样，鼓励工程从业者提高工作质量和水平，推动工程技术发展。

3.2　工程评优的原因

“百年大计，质量第一。”以“国家优质工程奖”和“中国建设工程鲁班奖”为代表的一系列工程奖项从创立之初至今已有 20 多年，奖项的评选活动一直得到了各级政府相关部门以及行业协会的关注和支持。广大工程企业更是把创优评奖作为自身努力打造高水平工程的管理目标，争创一流工程对全行业提高管理水平、从业者提升质量意识起到了推动和促进作用。

工程评优从表面上看仅涉及单个项目的局部性工作，但它也具有明显的全局性工作特征。首先，工程创优所要解决的问题是重要的。如果说投资方向及其规模的确定是“解决干什么的问题”、资源综合协调是“解决怎么干的问题”，工程评优则是“解决干得怎么样的问题”。其次，工程创优对全局性工作具有较大的影响。工程评优对项目先进技术应用情况、环保情况、参建企业素质等方面有较高的要求，这些要求反过来会对投资方向及规模、资源综合协调、技术进步等全局性工作产生较大的影响。再次，通过工程评优工作可以对项目诸多方面的管理工作进行系统的动态跟踪和综合的评价检查，有利于各项管理措施围绕统一的创优目标协调推进和落实。

对于生态修复工程而言，创优评优主要有以下原因：

（1）促进生态环境改善：生态修复工程为生态环境的修复和保护提供了切实可行的方案，促进了生态环境的改善。

（2）提升生态保护意识：评优可以提升社会对生态保护的认识和意识。

（3）优秀工程的示范效应：优秀的生态修复工程可以为其他类似工程提供参考和借鉴，发挥示范引领作用。

（4）推动经济发展：生态修复工程可以促进当地经济的发展，提升区域的竞争力。

（5）政策支持：政府对于生态修复工程的鼓励和支持，也是评优的原因之一，通过评优可以鼓励更多的生态修复工程出现。

（6）提高工程质量：评优可以激发各方主体的参与热情，提高工程的质量，推动生态修复工程的可持续发展。

3.3　工程评优方法

生态修复工程评优的方法主要包括以下几种：

（1）专家评审法：邀请相关领域的专家进行评审，通过对工程的设计方案、技术难度、环境效果、成本效益等方面进行评估，从而选出最优秀的工程项目。

（2）社会公众评选法：通过网络、报纸、电视等媒介向社会公众宣传生态修复工程评优活动，让公众自主评选最具有代表性和实效性的工程项目。

（3）综合评估法：将专家评审和社会公众评选相结合，采用多种评估方法和指标，对生态修复工程进行全面综合评估，选出最优秀的工程项目。

（4）数据分析法：通过对各个工程项目的相关数据进行综合分析，如成本、效益、环境效果等数据，选出最具有实效性和经济效益的工程项目。

以上评优方法可以结合实际情况，选取最适合的评优方法进行评选活动，以保证评选准确性和有效性。同时，国家、地方、行业协会等分别从多个维度设立工程项目奖项，并制定相应的评选办法。在推进试点工程创优评奖工作时，因其涉及行业种类多、专业覆盖面广，管理建设人员对自己所从事行业之外的工程项目奖项了解较少，各奖项分散的评选办法不方便查阅使用等原因，使得评优工作开展困难。考虑将层面、各类别的工程项目奖项评选办法收集归类、结册出版，旨在为广大工程的创优评奖工作提供索引，为从业者丰富对各专业领域理解提供参考内容。

在我国工程建设的发展历程中，工程的规模逐渐扩大，从最初的几百万元到上千万元甚至过亿元；尤其是在步入 21 世纪后，随着我国经济的发展，我国工程建设达到顶峰，工程的复杂程度也逐渐提升，但这也带来了很多安全和环境等方面的隐患。这些问题如果不解决，将会带来很严重的后果。如 2007 年 2 月 12 日广东省八建集团南宁分公司建设的广西医科大学图书馆发生坍塌事故，是由于相关管理人员玩忽职守，不依据相应的规章制度办事，从而造成严重的生产事故[24]；2005 年 1 月 18 日，原副局长潘岳公布了停建金沙江溪洛渡水电站等 13 个省市的 30 个违法开工项目名单。这是《环境影响评价法》实施一年多来首次大规模对外公布无视环境影响，违法形式建设的违法开工项目[25]。

针对上述提及的安全隐患，广大学者从技术措施和管理方面对其进行了深入的研究，但大部分的研究更多地指向管理方面的问题：在大多数工程中还存在粗放型和经验型的管理模式，缺乏动态型的管理和预防措施。为了保证建设的项目可以更长久、稳定地运营下去，就必须保证工程质量达到优秀水准。基于此想法，在工程中开展创优行动势在必行。针对工程评优，国家相关主管单位为此设立了代表工程质量的最优奖项——中国建筑工程鲁班奖，简称鲁班奖。与此同时，国务院等机构又设立了国家优质工程金质奖、国家优质工程银质奖、中国土木工程詹天佑奖（以下简称詹天佑奖）、全国优秀工程勘察设计奖及华夏建设科学技术奖。各省在各行业也设立了不同级别的奖项，如内蒙古自治区“草原杯”工程质量奖、工程勘察、建筑设计行业和市政公用工程优秀勘察设计奖、内蒙古自治区建筑工程优质结构奖等。以上述奖项为延伸，中国施工企业管理协会等还设置了全国建设工程优秀项目管理成果奖及工程建设科学技术奖等。各行业设置了在该专业领域的最高奖项，如水利方面的全国优秀水利水电工程勘测设计奖、中国水利工程优质（大禹）奖；市政方面设置的奖项包含全国市政金杯示范工程、内蒙古自治区市政金杯示范工程；矿山项目奖项包含绿色矿山科学技术奖；林草项目奖项包含全国林业优秀工程咨询成果奖及梁希林业科学技术奖。

1．詹天佑奖

詹天佑奖是住房和城乡建设部认定、由中国土木工程学会和北京詹天佑土木工程科学技术发展基金会主办，采取“推荐制”且面向我国土木工程行业的科技创新最高奖，每年颁发一次，以奖励在科学技术领域取得杰出成就、做出重大贡献的科学家和工程技术人员。该奖项由中国科学技术协会和国务院学位委员会联合设立，于 2000 年首次颁发。奖金数额高达 500 万元人民币，被誉为“中国科技界的诺贝尔奖”。此奖项以著名地震学家、建筑工程师詹天佑的名字命名，以表彰他为中国现代工程建设和地震研究所做出的卓越贡献。参与此奖评选的工程必须严格贯彻“创新、协调、绿色、开放、共享”的新发展理念，它的特征包括工程质量必须达到优质，评奖工程有创新性、权威性和标志性。到目前为止，该奖已经获得业界的一致认可。

詹天佑奖的评选按照“推荐申报—形式审查—专业预评—评审大会评审—詹天佑大奖指导委员会核准—公示—颁奖”的程序进行。申报詹天佑奖需首先是中国土木工程学会会员，申报纸质资料主要包含参选工程推荐申报书（一式三份，且最少一份原件）、参选工程申报附件材料；电子版资料主要包括参选工程推荐申报书、参选工程申报附件材料、申报单位基本信息表、工程照片及工程录像。

2. 国家优质工程金质奖和银质奖

国家优质工程奖是由中国政府主管的国家级质量奖项，旨在鼓励在建筑、水利、交通、通信、能源、制药等各个领域中创造出卓越工程和管理成果的单位和个人，提高国家工程质量水平，推动经济社会发展。其中，金质奖是最高奖项，银质奖为次高奖项。现如今，该奖项主要用于评选国家重点工程项目，申报工程项目的设计必须达到国家或省部级的优秀设计标准，到目前为止，国家已有优质工程500多项。

国家优质工程奖评选按周期进行，一般为3年、5年或10年。评审标准主要包括工程设计、施工、运行、管理、维护等各个环节，综合考虑项目的技术创新性、技术成熟度、安全稳定性、环境友好型、社会经济效益等方面的表现。

获得国家优质工程金质奖、银质奖的单位和个人，不仅能得到政府的嘉奖和表彰，还能在质量领域中获得知名度、积累声誉，对提高企业和个人的竞争力，促成行业和行业之间的合作和良性竞争，促进中国经济社会发展，起到重要作用。

1981年，国家颁布了《国家优质工程奖励暂行条例》，并依据此条例对优质工程项目进行评优。在1996年至1998年国家将国家优质工程奖和建筑工程鲁班奖合并成了中国建筑工程鲁班奖。1999年国家优质工程奖恢复单独评选，重新制定并颁布了《国家优质工程审定与管理办法》。

3．中国建筑工程鲁班奖

为贯彻落实新发展理念，推动中国质量工程百年大计，国家相关部门建立了建筑工程质量体系的最高奖项——中国建筑工程鲁班奖。鲁班是中国古代著名的工匠，以建造工艺精湛、创新性强而闻名，因此该奖项以其命名。获得鲁班奖的工程项目通常表现出建造质量高、技术创新、经济效益好、安全可靠等特点，被广泛认同和赞誉。鲁班奖已成为国内外工程师竞相追逐的荣誉之一，也是中国建筑业的顶级奖项之一。

鲁班奖作为中国最高的建筑工程质量奖项，由中国建筑学会主办，旨在表彰突出的建筑工程项目和杰出的工程质量管理团队。该奖项设立于 1987 年，每 2 年举办一次，它的评选工作本着对人民安全负责任的态度，坚持公开、公平、公正原则来选拔质量最优的工程。评选范围涵盖了建筑、市政、道路、桥梁、隧道、机场、港口、地铁等各个建筑领域。鲁班奖的获奖单位需为主要承建单位及参建单位。当承建单位及参建单位提出申请后，由承建单位将材料汇总申报，申报内容主要包含鲁班奖申报表（需包含相关单位对该工程质量具体评价意见）2 份、书面申报材料一套。其中，申报资料中涉及的文件、证明材料和印章应清晰可见，容易辨认。经过工程初审，需由中国建筑业协会组成若干复查组对申报单位的施工及工程质量进行实地审查，并进行现场评奖及给出意见。评审委员会由 21 人组成，其中主任委员 1 人，副主任委员 2～4 人，且这些评审委员都具有工程技术类正高级职称，在建筑行业有较高的影响力，评审委员每年更换 1/3，连任也不能超过 3 年，这样就可以在一定程度上保证工程项目评奖的公正性。

4．全国优秀工程勘察设计奖

全国优秀工程勘察设计奖是由住房和城乡建设部、国家发展和改革委员会、财政部、中国工程院联合颁发的奖项，是我国工程勘察设计行业国家级最高奖项，旨在表彰在工程勘察、设计、施工、监理等方面做出杰出贡献的工程技术人员和团队。该奖项分为综合类、特殊类和创新类，通过组织评审专家等多个环节进行评选。该奖项的获得者都是工程界的杰出人才，代表了国家工程技术的最高水平。全国优秀工程勘察设计奖包括优秀工程勘察、优秀工程设计、优秀工程建设标准设计、优秀工程勘察设计计算机软件，旨在推动我国工程勘察设计的技术创新，提高工程勘察设计水平，引导各类设计勘察公司创造出更多优质的设计项目。此类奖项可计入档案，该设计项目的工作人员亦可据此评职称。

5. 工程建设科学技术奖

工程建设科学技术奖是由科学技术部主办，旨在奖励和推广在工程建设领域取得杰出成就的科学技术成果和工程实践经验的国家级奖项。工程建设科学技术奖的提名主要包括最高科学技术奖、技术发明奖及科技进步奖，且其应具有对应的专利。工程建设科学技术奖设有一、二、三等奖，对获奖项目或个人授予奖金和证书，并给予国家科学技术奖标志。该奖项评选周期为2年，可评选工程设计、工程结构、道路桥梁、地下工程、机场工程、港口航道、水文水资源、环境与生态、能源与电力、地震工程、新材料及工艺、工程测量、地质勘探等20个专业领域。该奖项旨在鼓励和推动工程建设领域技术创新和发展，为我国的现代化建设和经济发展做出积极贡献。

6. 省级优质工程奖

改革开放以来，我国的很多省（区、市）也设立了自己的质量评优奖项，如内蒙古自治区建筑工程优质结构奖，内蒙古自治区“草原杯”工程质量奖（以下简称“草原杯”）和内蒙古自治区优质样板工程（以下简称优质样板工程），它们是自治区建设工程质量荣誉奖，其中“草原杯”是自治区建设工程质量最高荣誉奖。

7. 专业类奖项

为推动相应行业技术的创新，提高该行业设计及施工水平，设立了行业创优奖项。在水利方面设立了全国优秀水利水电工程勘测设计奖及中国水利工程优质（大禹）奖，在市政项目方向设立的奖项包含全国市政金杯示范工程及内蒙古自治区市政金杯示范工程；矿山项目类奖项包含绿色矿山科学技术奖；林草项目类奖项包含全国林业优秀工程咨询成果奖及梁希林业科学技术奖。设立这些奖项对鼓励施工单位加强管理、提升企业科技创新能力、推动我国质量工程的普遍提高起到积极的作用，为后续申报国家优质工程奠定了基础。

本书简要归纳整理了国家及省部级部分优质工程的奖项，具体如表 3.1 和表 3.2 所示。

表 3.1 国家及省部级部分优质工程通用奖项整理

奖项名称	奖项地位	工程类别	申报条件	创优要点	评选要点
詹天佑奖	国家级“科技创新工程奖”	建筑工程、桥梁工程、铁路工程；隧道及地下工程；岩土工程；公路及场道工程；水利、水电工程；水运、港工及海洋工程；城市公共交通工程；市政工程；特种工程	1. 须是中国土木工程学会单位会员，且在规划、勘察以及工程管理等方面有突破，整体达到国内同类工程领先水平 2. 工程质量必须达到优质工程 3. 必须通过竣工验收	1. 节能、环保创新策划和实施 2. 设计创新 3. 新技术、新工艺、新材料、新方法创造与应用 4. 管理理论和方法创新	策划设计管理施工等方面创新 新技术应用点 新技术应用效果
国家优质工程奖	中共中央、国务院确立的工程建设领域跨行业、跨专业的国家级质量奖	工业工程、交通工程、水利工程、通信工程、市政公用工程、建筑工程、绿色生态工程	1. 工程设计先进，获得省部级优秀工程设计奖 2. 通过竣工验收并投入使用 1 年以上 4 年以内 3. 工程质量可靠，获省部级最高质量奖 4. 科技创新达到同时期国内先进水平，获得省（部）级科技进步奖	1. 项目重难点分析 2. 目标明确和细化 3. 十项新技术应用 4. 工程亮点和质量特色 5. 资料管理 6. 质量体系及相应责任制度	建筑程序合规性 质量管理有效性 工程技术先进性 实体质量可靠性 功能符合性 环境协调性
鲁班奖	中国建筑业工程质量最高荣誉	住宅工程、公共建筑工程、工业交通水利工程、市政园林工程	1. 符合相关建设法规 2. 已竣工，且使用 1 年无任何隐患 3. 技术指标、经济效益及社会效益应达到本专业工程国内领先水平 4. 功能完善且须获得相应的结构质量最高奖		主要针对施工质量、工程实体及资料的审查

奖项名称	奖项地位	工程类别	申报条件	创优要点	评选要点
全国优质工程勘察设计奖	我国工程勘察设计行业国家级最高奖项	优秀工程勘察、优秀工程设计、优秀工程建设标准设计、优秀工程勘察设计计算机软件	1. 获得省、自治区、直辖市住房和城乡建设主管部门，国务院有关部门或行业协会优秀工程勘察设计一等奖及以上奖项 2. 申报优秀工程勘察和优秀工程设计的单位，必须具有相应的工程勘察设计资质证书，且最近 3 年内没有发生过重大勘察设计质量安全事故	1. 新技术、新材料 2. 质量优、水平高、效益好	程序合规性 勘察技术先进性 质量可靠性 环境协调性 功能符合性
华夏建设科学技术奖	国家级建设行业科学技术	科技成果、国外先进技术与水平	1. 具有自主知识产权 2. 技术含量高，创新性强 3. 已实现产业化或有产业潜力	1. 设计理念的创新 2. 新施工技术的创造	节能设计，绿色施工
内蒙古自治区“草原杯”工程质量奖	自治区建设工程质量最高荣誉奖	住宅工程、公共建筑工程、市政园林工程、工业交通水利工程	1. 符合国家和自治区法定基本建设程序 2. 已竣工验收备案，其中住宅工程要在竣工验收并交付使用 1 年以上 3. 工程质量领先 4. 工程设计合理先进	1. 设计理念合理先进 2. 工程质量区内领先	技术指标、经济效益及社会效益

表 3.2 国家及省部级部分优质工程专业奖项整理

奖项名称	奖项地位	工程类别	申报条件	创优要点	评选要点
全国优秀水利水电工程勘测设计奖	水利水电勘测设计行业最高奖项	水利枢纽（含水库）、水电站、抽水蓄能电站、河道整治、引调水、灌溉排涝、城市防洪、水土保持及水环境水生态	1. 项目批准立项 2. 符合国家有关方针、政策和法律法规 3. 符合创新、协调、绿色、开放、共享的发展理念 4. 工程通过验收、规划通过批复后不超过 5 年 5. 工程无重大责任安全事故	1. 技术先进 2. 经济社会效益显著 3. 生态环境友好	1. 未申报过本奖项的水利项目 2. 有自主知识产权

奖项名称	奖项地位	工程类别	申报条件	创优要点	评选要点
中国水利工程优质（大禹）奖	水利工程行业优质工程的最高奖项	水库工程、水闸工程、泵站工程、供水工程、引调水工程	1．符合申报工程范围及规模要求 2．符合建设程序，工程按照有关行业要求通过竣工验收 3．工程施工质量评定达到优良等级 4．工程投入使用1年以上且达到设计标准的运行考验	1．设计优秀 2．安全可靠 3．质量优良	1．建设规范 2．设计优秀 3．施工先进 4．质量优良 5．运行可靠 6．效益显著
全国市政金杯示范工程	市政行业在施工建设方面的最高奖项	道路及排水工程、桥梁及轻轨高架工程、给排水构筑物工程、地铁及隧道工程、公用工程、城市景观工程	1．工程立项、报建手续完备，符合工程建设程序规定 2．施工期间未发生质量、安全责任事故，未拖延合同工期 3．获地级市文明工地称号 4．工程符合节能、节地、节水、节材和环保的要求 5．工程建设中采用技术创新成果，且社会效益明显 6．须竣工后经过1年使用期检验，且已备案或验收 7．获省、自治区、直辖市的优质工程称号，或获省、自治区、直辖市的市政工程协会评选的优质工程称号	1．技术创新 2．质量为国内一流	1．设计先进 2．工程质量好 3．技术创新
内蒙古自治区市政金杯示范工程	自治区市政行业在工程质量方面的最高荣誉	道路及排水工程、桥梁及轻轨高架工程、给排水构筑物工程、地铁及隧道工程、公用工程	1．工程立项、报建手续完备，符合工程建设程序规定 2．施工期间未发生质量、安全责任事故 3．工程建设中采用技术创新成果，且社会效益明显 4．申报参评的工程项目，必须是竣工后经过1年使用期检验，且已验收	1．质量为区内一流水平 2．技术先进	1．区内一流水平 2．技术先进性

奖项名称	奖项地位	工程类别	申报条件	创优要点	评选要点
全国林业优秀工程咨询成果奖	林业咨询业的最高奖项	林业建设和工程、草原业工程	1. 中国林业工程建设协会的单位会员 2. 具有工程咨询资质或林业调查规划资质 3. 申报单位应为申报成果的第一完成单位	1. 创新性 2. 方法先进性 3. 研究深度强	1. 突出的创新性 2. 研究深度性 3. 方法的先进性
梁希林业科学技术奖	林业行业最高科技水平的社会力量奖项	林业工程、草原业工程	1. 可由院士提名或部分单位负责推荐 2. 学术处于先进水平 3. 研究成果须在国内外公开发行的学术期刊上发表或作为学术专著出版 4. 在林业和草原科学上取得突破性进展 5. 技术上有重大的创新，技术经济指标达到了同类技术的领先水平 6. 所推荐成果应至少有 1 年以上的实践应用	1. 基础研究及应用基础研究成果 2. 推广应用成果 3. 实用新产品、新技术、新工艺 4. 软科学成果	1. 显著创新性 2. 解决关键性技术难题 3. 产生重大经济、社会、生态效益 4. 高质量

3.4 优质工程的评奖标准

综合上述提及的国家及省部级部分通用优质工程奖项的整理，对比分析了各类奖项的评价指标，如表 3.3 所示。

表 3.3 国家及省部级部分通用优质工程奖项的指标对比

奖项名称	获奖要求								
	质量	安全	经济	技术先进	节能措施	创新性	规模达标	竣工一年	已获省部级奖项
詹天佑奖	√	√		√		√		√	
国家优质工程奖	√	√	√	√	√	√	√	√	√
鲁班奖	√	√	√	√	√	√	√	√	√
全国优质工程勘察设计奖	√	√		√		√			
华夏建设科学技术奖	√	√	√	√		√			
内蒙古自治区“草原杯”工程质量奖	√	√	√					√	

这些奖项的评估依据主要包括质量、安全、技术水平、技术创新、经济社会环境效益及对科学技术进步的促进作用。故评定优质工程应综合考虑以下因素：

（1）技术指标：该工程的技术指标是否符合国家相关工程法规和标准，技术质量是否稳定可靠，是否能满足设计要求和用户需求。

（2）施工管理：该工程的施工管理是否严格、科学、合理，施工过程中是否严格遵守施工标准和施工安全规范。

（3）环境保护：该工程的施工过程中是否严格遵守环境保护规定，是否采用先进的环保技术，是否能有效地保护周边环境。

（4）经济效益：该工程建造的总成本是否合理，是否达到预期的经济效益。

（5）社会效益：该工程对社会的贡献，如是否促进了经济发展，是否改善了人们的生活条件等。

基于以上因素综合评价，优质工程应具有技术先进、质量高、安全环保、经济效益好和社会效益高等特点。

在这些工程项目评优奖项中，每个行业都有其对应的评审标准。例如，对于工程勘察项目的评审标准，在技术水平方面，它的基本标准为：

（1）项目影响重大，规模、技术难度高；

（2）能够很好地运用综合技术手段系统解决工程中的复杂关键问题；

（3）在风险规避、节能减排、环境和生态保护等方面取得显著成效。

在技术创新方面，它的基本标准为：

（1）采用自主研发的基础（系统）技术，实现关键技术创新，并成功运用；

（2）解决问题复杂、难度很大。

在经济社会环境效益方面，它的基本标准包含：

（1）经济效益：节省项目技术服务涉及部分工程投资的5%以上；

（2）环境效益：采用技术和实践成果显著，体现可持续发展理念，在节能减排、环境和生态保护等方面取得重要成效；

（3）社会效益：在国际、国内和全行业具有重要的示范引领作用。

在对科学技术的促进作用方面，它的基本标准为成功实施的技术解决方案在行业实现可持续发展和科技进步中起到突出的示范、引领和促进作用。

3.5　实践探索试点工程评优成功的经验总结

乌梁素海流域山水林田湖草沙生态保护修复试点工程是一个生命共同体，将乌梁素海全域七大工程及子项目作为评估对象，将工程建设、产出效益作为重点评估内容，并采用全过程指导及专家咨询的方式，及时指出存在的问题，提出相应的最恰当的解决方案。本节主要汇总了部分子工程评优申报奖项，并以乌梁素海生态修复试点工程申报詹天佑奖为例，重点介绍了此试点工程在组织、管理及技术方面的创新。子工程评奖项目汇总如表 3.4 所示。

表 3.4　乌梁素海部分子工程评优申报奖项

子项目名称	申报奖项	奖项层级	组织单位	责任单位
乌梁素海生态修复试点工程	詹天佑奖	国家级	詹天佑大奖评选委员会 詹天佑大奖指导委员会	乌梁素海项目指挥部、乌梁素海流域东区、乌梁素海流域西区
沙漠综合治理工程	梁希林业科学技术奖	国家级	中国林学会	乌梁素海西区
沙漠综合治理工程	国家优质工程奖	国家级	中国施工企业管理协会	乌梁素海西区
沙漠综合治理工程 矿山地质环境综合整治工程（联合）	内蒙古自治区科技奖	省部级	巴彦淖尔市建筑业协会	乌梁素海西区
乌梁素海生态修复试点工程	巴彦淖尔市优质工程奖	市级	巴彦淖尔市住房和城乡建设委员会	乌梁素海项目指挥部、乌梁素海流域东区、乌梁素海流域西区
乌梁素海海堤综合整治工程	中国水利工程优质（大禹）奖	国家级	中国水利工程协会	乌梁素海东区
沙漠综合治理工程	中国生态文明奖	国家级	中国生态文明研究与促进会	乌梁素海西区
乌梁素海生态修复试点工程（西区）	内蒙古自治区“草原杯”工程质量奖	自治区级	内蒙古自治区建筑业协会	乌梁素海西区

子项目名称	申报奖项	奖项层级	组织单位	责任单位
乌梁素海生态修复试点工程	巴彦淖尔市建筑业优秀施工企业	市级	巴彦淖尔市建筑业协会	乌梁素海项目指挥部、乌梁素海流域东区、乌梁素海流域西区
乌梁素海生态修复试点工程	巴彦淖尔市工程建设质量管理优秀企业	市级	巴彦淖尔市建筑业协会	乌梁素海项目指挥部、乌梁素海流域东区、乌梁素海流域西区
乌梁素海生态修复试点工程	巴彦淖尔市建筑安全生产优秀企业	市级	巴彦淖尔市建筑业协会	乌梁素海项目指挥部、乌梁素海流域东区、乌梁素海流域西区

3.5.1 詹天佑奖申报规模与保证机制

通过研究詹天佑奖的工程类别及申报条件，本节对当前乌梁素海生态修复试点工程的创优情况进行深入分析。

根据詹天佑奖的工作细节及评选办法等相关文件精神，申报詹天佑奖必须满足此奖项的评选工程范围，符合法定建设程序、科技进步、自主创新、科学管理、可持续发展等条件。

（1）评选工程范围：根据《中国土木工程詹天佑奖》（2021 年修订版）文件规定，具体申报工程类别及要求见表 3.5。

表 3.5 部分詹天佑奖申报工程类别及要求

	工程类别及要求
中国土木工程詹天佑奖	建筑工程（含高层建筑、大跨度公共建筑、工业建筑等）
	桥梁工程（含铁路、公路及城市桥梁）
	铁路工程
	隧道及地下工程、岩土工程
	公路及场道工程
	水利、水电工程
	水运、港工及海洋工程
	城市公共交通工程（含轨道交通工程）
	市政工程（含给排水、燃气热力工程等）
	特种工程（含军工工程）

（2）法律法规机制：该项目符合法定建设程序（包含立项、批复、规划许可、用地许可、承包合同、施工许可等），工程建设过程中国家关于环保绿色等要求。

（3）科技进步机制：突出体现应用先进的科学技术成果，有较高的科技含量，具有一定的规模和代表性。

（4）自主创新机制：在勘察、设计、施工以及工程管理等方面有所创新和突破，整体水平达到国内同类工程领先水平。

（5）科学管理机制：对建筑、市政等必须是已经完成竣工验收并经过 1 年以上使用核验的工程；对铁路、公路、港口、水利等必须是已经完成“正式竣工验收”的工程。

（6）可持续发展机制：在建筑过程中必须严格贯彻“安全、适用、经济、绿色、美观”的方针，工程在使用过程中需保持节能节水环保等理念。

3.5.2 创优项目组织关键点分析

1. 质量体系的建立

该试点工程投资数量大、内容多、时间紧、任务重、涉及领域广，在治理前期该试点工程以詹天佑奖为标杆，针对点源、面源及内源污染对症下药，围绕流域内沙漠、矿山、林草、农田、湿地、洪水等生态要素，开展包含沙漠综合治理工程、矿山地质环境综合整治工程、水土保持与植被修复工程、河湖连通与生物多样性保护工程、农田面源及城镇点源污染治理工程、乌梁素海湖体水环境保护与修复工程及生态环境物联网建设与管理 7 大类、17 大项、38 个子项目的系统综合治理工程。由于该试点工程覆盖范围极广，参与部门及单位众多，因此需对参建企业进行系统性的组织，使项目的实施得到一个有力的保障，否则该项目将会成为一盘散沙，项目的顺利实施将存在巨大的风险，试点工程质量也难以得到保证。为此，从思想、组织、技术、施工及设备 5 个方面出发，建立了质量保证体系，具体结果如图 3.1 所示。

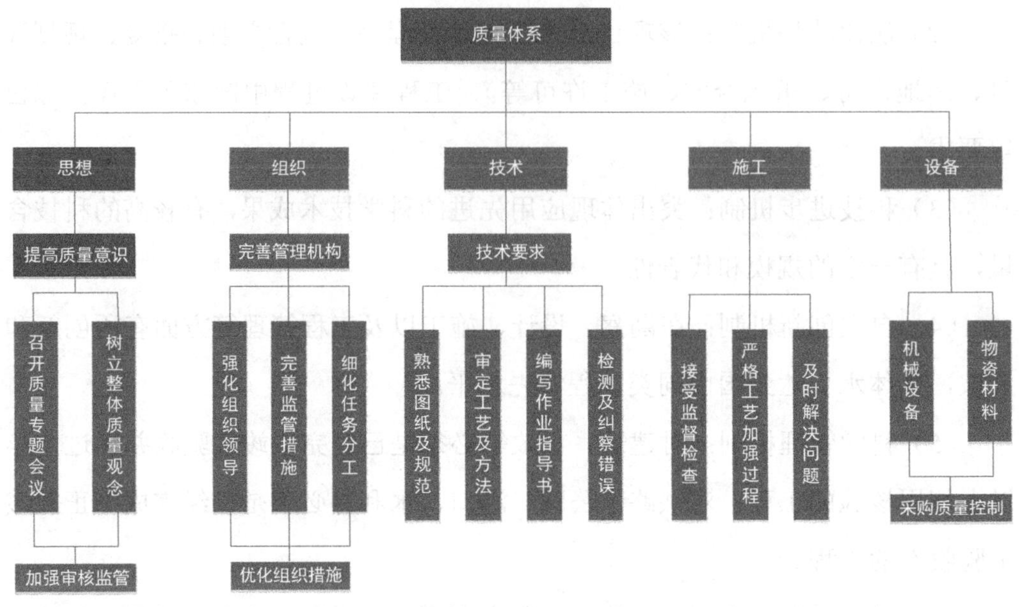

图 3.1 质量体系的建立

2. 组织结构的建立

为确保各项重点工作落到实处，以此项目“六个好”的目标实施标准为依据，在质量体系策划的基础上，再结合詹天佑奖的评审条件及资料，创建了相应的创优组织机构，创优组织结构如图 3.2 所示，创优领导小组公开选用上海同济咨询有限公司作为全过程咨询服务公司，并下设“一办三组”，通过现场协调、质量的把控、档案科学管理、创优材料的申报及创优迎检策划等措施，协调解决推进过程中遇到的手续办理、资金调配、工程施工及社会矛盾等重大问题，促进工程创优的顺利进行。

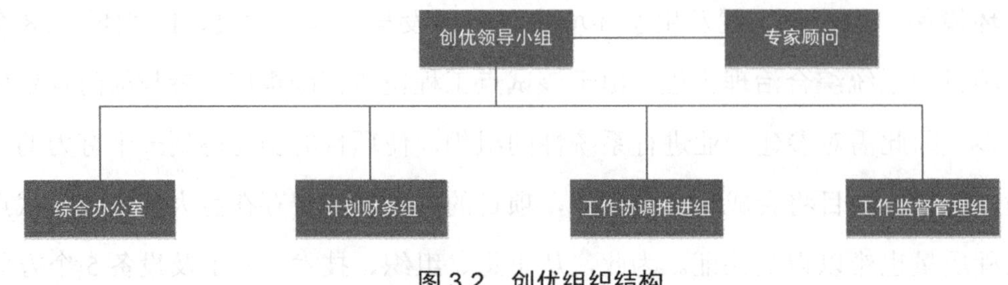

图 3.2 创优组织结构

3.5.3 创优项目管理关键点分析

1．创优目标的确定

中国土木工程詹天佑奖是经过科技部核准，住房和城乡建设部认证的面向我国土木工程行业的科技创新最高奖。该奖项的设立初衷是奖励和表彰我国在科技创新和科技应用方面成绩显著的优秀土木工程建设项目。乌梁素海生态修复试点工程建立伊始就明确有着詹天佑奖的设计及建设标准。

2．工程创优的策划

（1）工程创优策划的重难点分析

工程创优的策划当以国家强制性规定、现行设计、技术及验收标准为基础，立足当前乌梁素海流域的现有环境基础，明确各项分工的质量标准、施工工艺标准、设计图纸的亮点特色，符合当前的设计及验收标准。工程创优策划应积极贯彻执行“创新、协调、绿色、开放、共享”的新发展理念，保证工程的安全性及节能节水环保等可持续性理念。此试点工程包含沙漠综合治理工程、矿山地质环境综合整治工程、水土保持与植被修复工程、河湖连通与生物多样性保护工程、农田面源及城镇点源污染治理工程、乌梁素海湖体水环境保护与修复工程、生态环境物联网建设与管理支撑七大项目，按照上述七大类将设计及施工任务细化并优化，具体创优设计任务如表3.6所示。

表3.6 创优任务分解

创优策划目标	创优策划类别	创优策划细则
创优任务分解	沙漠综合治理	防沙治沙及生态修复工程的建设
	矿山地质环境综合整治	地质灾害治理、环境治理及生态修复工程建设
	水土保持与植被修复	从源头带、过程带、湖滨带削减污染物量
	河湖连通与生物多样性保护	1．排干沟计划与农田退水水质提升 2．九排干人工湿地修复与构建 3．八排干、十排干人工湿地修复与构建 4．乌拉特前旗大仙庙海子周边盐碱地治理及湿地恢复 5．生物多样性保护 6．乌梁素海生态补水通道 7．乌梁素海海堤综合整治

创优策划目标	创优策划类别	创优策划细则
创优任务分解	农田面源及城镇点源污染治理	1. 农业投入品减排 2. 耕地质量提升 3. 农业废弃物回收与资源化利用 4. 乌拉特前旗污水处理厂扩建 5. 乌拉特前旗乌拉山镇再生水管网及附属设施 6. 乌拉特前旗污水处理厂改造 7. 乌梁素海生态产业园综合服务区污水工程 8. “厕所革命”工程 9. 村镇一体化污水工程 10. 生活垃圾收集和转运站点建设
	乌梁素海湖体水环境保护与修复	1. 乌梁素海湖区湿地治理及湖区水道疏浚工程 2. 水生植物资源化综合处理工程 3. 乌梁素海湖区底泥处置试验示范工程
	生态环境物联网建设与管理支撑	1. 生态环境基础数据采集体系建设工程 2. 生态环境传输网络系统建设工程 3. 生态环境大数据平台建设项目 4. 智慧生态环境管理体系建设项目

（2）质量保证策划

此试点工程从 4 个方面出发，确保此项目的质量及安全性，具体内容如表 3.7 所示。

表 3.7 质量保证策划

目标	内容
质量保证策划	规范技术标准
	挂图作战、提升设计质量
	质量管控（QC）
	材料把关、按规复核

- 规范技术标准：以詹天佑奖为质量奖项目标，明确七大工程各自的技术标准及要求、编写指导性文件使其达到规范相关方行为和工作流程的目标。
- 挂图作战、提升设计质量：通过作战图完整展示各子项目的勘察设计等

进度，并按照相应的技术标准确保设计合理可行性，及时整改设计保证创优工程的质量。

- 质量管控（QC）：在施工过程中成立 QC 质量管理小组，开展质量评比活动，攻关各类技术难题，确定发布国家级 QC 成果的目标。
- 材料把关、按规复核：严格把控材料配件等设备的质量关，坚决杜绝不合格品，保证进厂材料的“三证”齐全，并且同时通过施工方、建设方、监理方及供货方四方检验。

（3）工程技术创优策划

在工程创优的过程中，如果缺乏一定的技术创新性及可持续发展性，詹天佑奖的评审就会缺乏其相应的权威性。因此在技术策划过程中，为圆满达到最初的设计意图与理念，必须拥有一定的技术含量及创新性的施工技术，可以在行业内拥有极高的竞争力。对此，我们需先总结现阶段国家在此类工程中研究的一些新技术，并将这些新技术应用到此试点工程中，增强此试点工程的科技创新性。

（4）绿色施工策划

对于詹天佑奖的目标项目，在设计过程中须贯彻安全及环保的可持续发展理念。它要求试点工程在保证项目质量及安全的前提下，通过采用科学管理手段最大限度地节约资源，实现节能、节水、节地、节材及环保。此试点工程通过改善生态环境，推动周边“天赋河套”授权系列产品的建设、提升优质生态产品供给能力、推进产业融合发展及生态治理与绿色产业协同发展。绿色施工是詹天佑奖的一大重要特色，需根据国家相关法律及标准进行，使詹天佑奖的可持续理念落到实处。

（5）管理创新策划

此试点工程通过采用物联网平台架构技术及移动互联网技术等信息化管理系统实现项目管理的深入应用，其管理分六步进行：

第一，前期及策划咨询管理：项目决策策划的论证及深化、项目配套的管理及申报审批、项目实施策划；

第二，规划及设计咨询管理：设计的前期工作、设计任务的委托、合同的管理、造价的控制、设计质量及进度的控制、设计协调及信息管理、设计阶段的报批及配套管理、专业深化设计管理；

第三，施工前准备咨询管理：施工采购管理、计划管理，施工前准备阶段建设配套管理、施工前准备阶段政府建设手续办理、开工条件审查；

第四，施工过程咨询管理：施工过程的进度控制、施工过程的质量控制、施工过程的投资控制、施工过程的招采控制、施工过程的合同管理、施工过程的设计与技术管理、施工过程的安全文明管理、施工过程的组织与协调管理、施工过程的信息与文档管理；

第五，竣工验收及移交咨询管理：项目联合调试、项目竣工验收准备、项目竣工验收管理、项目竣工结算和审价、项目移交管理；

第六，保修及后评估咨询管理：项目保修管理、项目决算和审计、项目咨询管理工作总结、项目后评估。

3．总承包管理

为提升此试点工程建设的完备性，保证项目的进度，此工程采用“EPC+O”（工程总承包+运营）的模式，引入两家综合实力强、工程经验丰富的国有企业进行试点工程的建设与运营。实施的具体措施包含：设计施工整体融合、采用 EPC 模式有效缩短建设周期、明确责任主体、提高工程建设质量，减轻建设单位管理压力、前瞻性的预测和后期的管理维护。

3.5.4 创优项目技术关键点分析

1．创优技术重难点分析

创优技术重难点指的是由于在设计及施工过程中遇到的设计指标高、施工难度大、技术不成熟、质量安全等问题，从而影响施工的周期。通过提前预估在工程创优中可能出现的问题，严格把控好项目实施的重难点，改进工艺技术，来保证达到预期的项目目标，争创詹天佑奖的新水准。在试点工程中，众多项目人员为合理地解决遇到的难题，发明并申请了多项专利。此次创优工程在施工过程中遇到的技术性的重难点包含：内陆湖区微生物处理技术、高寒地区盐碱地的改良及冬季树木种植技术、中小型矿山环境治理与生态修复技术、废弃矿山边坡绿化技术、河道整治技术。

（1）内陆湖区微生物处理技术：未经加工的工业废水和生活污水沉降水底，会严重危害周边民众的生活。本试验区结合当地特殊地质情况，采用两种原位修复工艺对示范区进行修复，此示范区采用菌床一体式装置对微生物进行选择与培养，此菌床培养一体化装置的日处理量为600 t，此时在酵素的刺激下，有益微生物的生长更加迅速，同时抑制有害的微生物，底泥的降解也将变得更快。

同时，在示范区附近搭建了小型实验室用于检测水质和底泥，检测按照《湖泊生态安全调查与评估技术指南（试行）》进行，其中一半采取自动监测，一半采取人工监测，共同监测水质、水位及底泥中各项指标的变化以及底栖动物、浮游动物、鱼类种类及数量的变化。

（2）高寒地区盐碱地的改良及冬季树木种植技术：河套灌区根据土壤类型的不同和盐渍化程度的差异，将乌梁素海地区划分为中盐渍化灌淤土。当地通过对原土进行换填，改良盐碱地以及选用耐碱的树种进行种植。其中，盐碱地的改良技术主要分物理改良和化学改良两种方法，物理改良法主要包含深耕深松技术及粉垄技术，化学改良技术包含大量有益微生物的分解作用、微量元素的溶解作用、底泥的吸水保肥及营养成分的吸收作用、土壤的理化性质。

（3）中小型矿山环境治理与生态修复技术：在当前矿山修复过程中，存在地形地貌复杂、测绘困难、周期长等问题。采用无人机加倾斜摄像实景建模技术获取地理信息，从而对失稳边坡及危岩体、矿坑、矿渣堆、边坡整形、坡面排水进行治理，通过人工撒播草籽或栽种灌木的方式对植被进行恢复。其中草种的选择应适于种植当地耐旱成活率高的牧畜草、沙棘、乡土草本植物针茅和小叶锦鸡儿等；灌木选择耐旱易成活的柠条等。在此次矿山修复的过程中，生态修复工程必须遵循生态发展的自然规律。

（4）废弃矿山边坡绿化技术：矿山开采之后残留的危岩、地面塌陷、基岩裸露、制备覆盖率下降等问题突出，通过分析废弃治理区存在的地质及生态环境问题，将矿山修复细分目标，并提出周详而完备的技术方案。

（5）河道整治技术：在河道治理的过程中，首先分析河道中的地质环境，总结刁人沟河道治理的有效技术，通过修复工程改善河道附近居民的生产和生活环境，消除矿区开采后居民所面临的安全隐患。

2. 新技术应用

在此次试点工程创优实施过程中，依据七个子工程各自的技术依据及标准，在因地制宜的情况下，应用最新型合理的技术方法保证此试点工程的完美，具体技术如表 3.8 所示，又在表 3.9 中针对部分子工程的项目亮点进行了列举。

表 3.8　新技术应用

序号	所属子工程名称	新技术名称
1	沙漠综合治理工程	1. 网格式植物沙障栽植技术 2. 梭梭接种肉苁蓉技术 3. 无人机飞播技术
2	矿山地质环境综合整治工程	废弃矿山边坡绿化技术
3	水土保持与植被修复工程	1. 造林技术 2. 砂石路施工技术
4	河湖连通与生物多样性保护工程	“配水渠道（网格水道）+曝气氧化塘+表流湿地”的处理工艺
5	农田面源及城镇点源污染治理工程	二级生物处理前增设“缺氧池”工艺，在二级生物处理后增设磁混凝沉淀池及反硝化深床滤池系统过滤工艺
6	乌梁素海湖体水环境保护与修复工程	通过专用收割设备割除后的芦苇为原料因地制宜进行利用
7	生态环境物联网建设与管理支撑	生态环境大数据平台、管理体系及传输体系的建设

表 3.9　部分子工程创优项目一览表

项目名称	项目类别	项目亮点
村镇一体化污水工程	市政	有效解决各乡镇污水排放，减少乌梁素海周边污水污染
乌梁素海流域排干沟净化与农田退水水质提升工程	水利水电	疏通乡镇田地间排干沟，减少水阻塞，增加农田用水流动
乌梁素海生态补水通道工程	水利水电	疏通乌梁素海主要补水通道，为乌梁素海主要补水水源补充重要支撑
乌梁素海湖区河口自然湿地修复与人工湿地构建工程八、九排干人工湿地修复与构建工程	水利水电	乡镇农田退水未处理部分，通过人工湿地净化，使污染较小的农田退水退入乌梁素海，为乌梁素海环境水质提升起到重要支撑
湖滨带生态拦污工程	水利水电	在乌梁素海周边建设拦污带，有效解决随水流退入乌梁素海的泥土
乌梁素海东岸荒漠草原生态修复示范工程	其他	修复草原生态环境，减少水土流失，减少草原荒漠
乌梁素海湖区底泥处置试验示范工程	水利水电	清除乌梁素海湖区原位部分堵塞污泥，通过微生物降解一部分底泥，使其水质提升，加强自然生物链循环
乌梁素海海堤综合整治工程	水利水电	环乌梁素海周边建造桥梁道路，方便当地出行，也为乌梁素海后期规划做出突出贡献
乌梁素海湖区湿地治理及湖区水道疏浚工程	水利水电	疏通湖区航道，增加湖区水流动

3. 质量特色

在詹天佑奖的目标指向下，在多项技术指标的严格规范下，上级部门及施工单位将质量作为施工现场的重点，并通过定期召开质量专题会议保证该试点工程的质量。

通过此试点工程的实施，乌梁素海流域生态环境质量在前期治理的基础上得到了进一步的提高，沙漠、草原、湖泊、湿地等生态功能区的建设和发展也得到了明显的改善，防风固沙的能力显著增强，生物种类明显增多，水环境质量稳定达标，乌梁素海湖区水质稳定在Ⅴ类，完成绿化 271.5 万亩，森林覆盖率和草原综合植被盖度分别从 5.5%、26.9%提升至 6.5%、28.2%。截至目前，完成林业生态建设 76.6 万亩、草原修复 22.1 万亩，空气质量明显好转，$PM_{2.5}$

浓度下降了24.2%。

（1）工程建设

在工程建设过程中，工程质量事关人民的财产和生命安全，工程进度影响项目的收益和投资控制，故需要重点关注工程进度、工程质量、工程安全及工程投资。

工程进度主要指的是工程按时完工率，即指标完成值是否可以达到100%。针对工程进度，施工单位采取了相应的措施[26]确保指标完成：

提高施工单位进度计划准确性：加强施工单位进度计划管理，重点审查施工过程中的重难点，对施工进度实施动态管理，确保总进度的顺利进行；

创造加快工程进度的环境：积极协调施工环境、进场道路、材料供应等外界因素，为施工创造良好的外界因素；

保证工程进度信息通畅：及时通过微信、QQ邮箱及电话等通信工具汇报当日进度、次日工作计划，由上级领导核查其中的问题并制订相应的处置方案。

工程质量主要分析项目竣工验收合格率是否达到100%，试点工程采取的相应措施为：

加强施工过程质量检验：项目经理依据设计及施工规范对施工质量进行抽检，尤其关注施工中特殊过程的质量，对其中存在的隐患提出合理的解决办法，并限期整改，同时也必须履行相应的手续；

明确待检范围：将所有的特殊过程设置为施工待检范围；

严格现场验收及整改程序：对现场验收不合格的及存在隐患的工程进行整改时，须先验收不合格品整改通知单，在限期整改期间需要对施工过程进行全程跟踪，再次不合格需停工整改，不许进入下一施工环节。

工程安全主要指的是安全事故发生次数为0，以施工现场为核心，为保证施工过程的安全性，试点工程相关施工单位制定的相应措施为：

重视施工安全，健全管理体制：建立安全生产专业管理团队，掌握安全生产法律法规及生产技术，确保每一个工程项目环节有序衔接，保证每一个环节都有法可依、有章可循，以满足生产管理的科学化和标准化；

加强建设前期准备工作：首先做好风险预判，通过对项目稳定风险、项目生态安全及环境等因素进行全方位分析，形成项目管理方案，并从生产管理角度上选择资质好、项目安全质量管理能力强、业务能力及责任意识强的设计和施工单位；

强化施工过程安全质量管理：制定安全质量管理检查制度、验收制度，保证人员持证上岗；落实安全责任，保证施工质量检验标准化；对进场材料进行严格检验，严防因材料不合格造成工程质量问题；积极处理生产过程中的各种矛盾，保证施工活动的顺利落实；

强化安全生产管理：以安全生产为核心，主抓施工细节，保证施工安全，并加大施工过程的检查，促进文明施工，保护施工人员安全，杜绝安全隐患。

在工程投资方面，建立资金筹集渠道，同时地方政府以中央财政资金为引导，审查社会资本多元化投入资质，采取政府部门和社会资本合作的方式，市政府采取的相应措施为：建立项目预算，做好动态管理；优化设计方案，做好限额设计；做好设备及物资所需费用的控制，在资金拨付方面，资金拨付率达到100%。

（2）产出效益

此项目的产出效益主要包括生态效益、社会效益及经济效益。

生态效益方面，主要关注的指标包含生态环境质量、生物多样性、区域稳定性及生态服务价值。下面详述这几种指标对应的详细情况：生态环境质量的改善可通过从源头削弱、过程减排、内源降低、沟道流通性增强、土壤肥力增强、沙尘减小、固碳释氧能力加强这些方面进行分析；生物多样性主要指的是植被覆盖度及物种多样性提升；区域稳定性提升主要体现在水源涵养能力提升，防洪护坡能力提升，沙漠占比化减小，“北方防沙带”生态屏障作用凸显，地质灾害及土壤侵蚀量减小，蓄水能力增强、水资源节约；生态服务价值可从生态服务总价值分析，主要包含供给服务价值、调节服务价值、文化服务价值及支持服务价值。

为使试点工程达到上述指标，依据流域内的自然地理环境和生态系统类型，将该工程划分为N个生态保护修复单元，针对各单元主要生态问题，在排除对大自然进行不合理开发的基础上，将乌梁素海流域生态系统治理与绿色高质量发展紧密结合起来。

社会效益方面，可着重关注贫困人口的脱贫指数及边疆安定情况、农业绿色化发展的进程、人居环境改善状况、百姓生活质量、生态治理的科技化、创新生态经济发展的示范模式、生态产品的供给能力、防洪减灾能力、生态环境的管理能力、项目宣传度及社会生态文明意识。

经济效益方面，包含直接经济效益及间接经济效益，首先确定此试点工程产生的直接收益，然后分析此工程是否改善环境质量，带动当地产业的发展，间接提升当地经济收益。在经济效益方面，创新投融资模式、强化社会资本合作，都直接或间接地提高了当地的经济效益。

3.5.5 创优项目总体评价

试点工程在实施过程中，紧紧围绕詹天佑奖的质量目标，认真进行创优策划，通过逐级分解目标，严格把控每一个项目的质量、监督每一步工艺的执行，确保创优的一次性成功。试点工程在开工初期得到了国家及相关领导的大力支持，聘请众多行业内的顶尖工程师及专家组成技术顾问团队，积极推广新技术的应用，致力于打造一个“质量安全好、工程进度好、资金匹配好、财务审计好、廉政建设好以及绿色产业发展好”的六好模范工程。

3.6 本章小结

生态修复工程的评优可以有效推动工程质量的提升，评优结果的发布也可以引起人们对生态环境保护的重视。本章首先从工程评优的定义出发，强调工程评优是指通过对工程项目的绩效、质量、安全、环保等方面进行评估，评选出表现优异的工程项目，以便进一步推广优秀的工程管理经验和技术。

其次，分析工程评优的原因主要有以下几点：一是促进生态环境改善，推动经济的发展；二是提升社会对生态保护的意识；三是发挥优秀工程的示范作用；四是政府的鼓励与支持作用；五是提升工程的质量。针对工程评优的方法，国家、地方、行业协会等分别从多个维度设立了工程项目奖项，并将各层面、各类别的工程项目奖项评选办法收集归类，旨在为广大工程的创优评奖工作提供索引，并作为从业者丰富对各专业领域理解的参考资料。同时全面论述了评优过程中相关奖项的指标、标准、条件、要求和程序等多重指导原则，来确保评选结果的严谨性。针对工程评优的评奖标准，通常包括绩效、质量、安全、环保等多个方面。其中，绩效包括项目进度、成本控制、效益等指标；质量包括设计、施工、验收等方面；安全包括工人安全、环境安全等方面；环保包括对环境的保护和治理等方面。

最后，以乌梁素海流域山水林田湖草沙生态保护修复试点工程为例，从组织、管理及技术层面阐释该试点工程在设计施工过程中的亮点，实践性地探索该试点工程评优成功的经验。第一，在组织层面，该试点工程在符合法定建设程序、科技进步、自主创新、科学管理及可持续发展的条件下，从思想、组织、技术、施工及设备5个方面出发，建立了质量保证体系，并选用上海同济咨询有限公司作为全过程咨询服务公司，下设综合办公室、计划财务组、工作协调推进组、工作监督管理组“一办三组”的组织机构。第二，在管理方面，通过对工程创优策划的重难点分析，将七大类项目的设计任务分解，并从质量保证、工程技术创优、绿色施工、管理创新4个方面对创优项目管理的关键点进行分析。第三，重点分析该试点工程在设计及施工过程中遇到的各类技术性难题：内陆湖区微生物处理技术、高寒地区盐碱地的改良及冬季树木种植技术、中小型矿山环境治理与生态修复技术、废弃矿山边坡绿化技术及河道整治技术，以及施工过程中七大工程应用的各类新技术：网格式植物沙障栽植技术、造林技术、废弃矿山边坡绿化技术、通过将专用收割设备割除后的芦苇作为原料合理利用技术、搭建生态环境大数据平台等。

综上所述，工程评优是对工程项目绩效的评估，具有重要的推动作用。在实践中，应根据不同的需求和目的，选取合适的评估方法和评奖标准，以便达到最好的评估效果。本章内容对试点工程评优的实践具有重要的指导意义，同时也为其他工程评优提供了有益的借鉴。总之，本章内容具有务实性和指导性，为试点工程评优工作提供了珍贵的参考依据。

第 4 章　总结与展望

乌梁素海流域位于黄河“几”字弯顶端、内蒙古自治区巴彦淖尔市境内，面积约 1.63 万 km^2，平原、草原、河流、湖泊、山脉、森林、沙漠等生态要素齐全，是国家“两屏三带”生态安全战略格局中“北方防沙带”的重要组成部分，是阻止乌兰布和沙漠、库布齐沙漠和蒙古戈壁相通相连的重要关口，是黄河流域生态环境保护的重点区域，生态地位极其重要。

2018 年 12 月，由巴彦淖尔市申请、自然资源部等三部委组织的“乌梁素海流域山水林田湖草生态保护修复试点工程”，在 20 个省市的竞争性评审中以第一名的好成绩入围国家第三批山水林田湖草生态保护修复工程。试点工程共七大类 35 个项目，总投资 50.86 亿元，涉及山水林田湖草沙 7 类生态要素。巴彦淖尔市委对试点工程高度重视，主要领导亲自指挥，多次组织召开专题会议，开展现场实地调研，研究解决实际问题，要求严格按照“六个好”（工程质量好、工程进度好、资金配套好、财务审计好、廉政建设好、产业发展好）的标准，推进项目高标准、高效率、高质量实施。

生态修复工程是一个重要的环保工程，在保护和恢复生态环境方面发挥了重要作用。它的创优和评优不仅是为了实现生态环境的改善和保护，更是为了推动生态文明建设。生态文明建设是一项长期而复杂的系统工程，需要不断探索和实践。通过生态修复工程的创优和评优，我们可以更好地探索生态文明建设的路径和方法，促进生态文明建设的深入推进。生态修复工程不仅是中国的问题，也是全球的问题。各国都面临着生态环境恶化和资源短缺的问题。因此，加强国际合作和交流，共同探索生态修复工程的规划设计、技术创新、评估体系和管理模式等方面的经验和方法，具有重要的意义和价值。它不仅有重要的生态效益，也有重要的经济效益，可以促进生态产业的发展，带动当地经济的增长。同时也可以降低环境污染和资源浪费的成本，提高资源利用效率，从而促进经济的可持续发展。生态修复工程的创优和评优应该注重科学技术与人文关怀的融合，既要发挥科技的作用，也要注重人文关怀的引导，促进生态修复工程的可持续发展和社会共同进步。因此，创优和评优也成为重要的课题。本书主要分析了生态修复工程创优及评优的相关问题，从生态修复工程创优及评优的原因、原则、标准和方法等方面进行了分析和总结，并以乌梁素海流域山水林田湖草沙生态保护修复试点工程为例，首先总结性的阐述该试点工程在组织机制、监测机制、项目运行机制、资金筹划、生态与产业并重、一体化修复和保护模式、工程总承包模式、创新市场化及多元化投入模式、聘请专业机构及强化监督管理、明确技术规范与标准方面的十大亮点，并通过对该试点工程的创优及评优过程分析，得出了以下结论。

4.1 生态修复工程的创优

生态修复工程的创优是指在生态修复工程实施过程中，采取一系列的优化措施和创新技术，来提高生态修复工程的质量和效率，是对生态系统进行恢复、保护和可持续利用，而非简单的生态景观美化。生态修复工程需要遵循生态原则，包括生态多样性、生态稳定性、生态适应性、生态可持续性等。

建设优质工程的原因包含：

1. 管理学

优质的生态修复工程可以解决生态破坏问题，提高生态系统的可持续性，促进经济发展，同时也可以提高社会福利。

2．经济学

优质生态修复工程的建设可以保护自然资源，同时在促进经济发展的前提下提高居民、企业和政府的环保意识，降低净化生态环境的污染成本，并有效预防自然灾害。

3．社会（声誉）

优质的生态修复工程可以提高政府的公信力，塑造政府和企业的形象，通过社交网络和媒体的积极引导，增强公众对生态修复工程的认可度。

建设优质工程的方法包含：

1．技术创新

技术创新是生态修复工程创优的重要方面。生态修复工程需要注重技术创新，包括新材料、新技术、新装备等，以提高生态修复的效率和效果。在此试点工程中，采用新型合理的生态工程技术，如生物修复、物理修复、化学修复等，减少对生态环境的干扰和损害，提高生态修复的效果，适应不同的生态环境和生态问题。同时，利用遥感技术和空间信息技术等先进技术，可以更加准确地评估和监测生态修复工程的效果，提高生态修复工程的科学性和精准度。

2．合理规划

合理规划是生态修复工程创优的关键。通过科学规划和设计，可以确保生态修复工程的有效性和可持续性。在此试点工程中，根据“尊重自然，差异治理”的主要原则，按照“因地制宜，重点突出”的规划方法，结合制订的生态保护修复方案，将生态保护区划分为“四区、一带、一网”的 6 个主要治理区域。

3．精细管理

精细管理是生态修复工程创优的必要条件。通过精细化的管理和监测，可以确保生态修复工程的质量和效果。在试点工程中，通过对工程创优策划的重难点分析，将七大类项目的设计任务分解，并从质量保证、工程技术创优、绿色施工、管理创新4个方面对创优项目管理的关键点进行分析，采用现代化的管理手段和技术，完善了生态环境基础数据采集体系和生态环境传输网络体系。通过生态环境大数据平台的建设，实现了智慧生态环境管理，提升了乌梁素海环境监管能力、政府绿色发展能力、区域的污染治理能力，避免了重复投资，可以实现生态修复工程的精细化管理和自动化监测，提高生态修复工程的效率和可靠性。

4．经济效益

生态修复工程创优的重要指标包含生态效益、经济效益及社会效益。其中，经济效益是生态修复工程创优的重要指标之一。生态修复工程需要加强与社会和经济的协同合作，将生态修复与城市规划、土地利用、产业发展等相结合，实现生态经济发展。同时通过合理规划和技术创新，降低生态修复工程的成本，提高生态修复工程的经济效益。它也可以带来一定的社会效益和环境效益，促进可持续发展。在此试点工程中，创立“河套品牌”，产出肉苁蓉等名贵药材，生产生物质天然气，售卖成熟水产品，发展旅游业等带来大量的经济效益。

4.2 生态修复工程的评优

生态修复工程的评优是指对生态修复工程实施过程和效果进行评估和评价，以确定其优良性和改进空间。同时，生态修复工程的评优应该有针对地推广优秀经验，引导及时发现和解决生态环境问题，推动生态环境保护工作的不断进步，以帮助更多的生态修复工程获得成功。生态修复工程的评优具有以下4个方面：

1．指标体系

评优的第一步是建立评价指标体系，以评估生态修复工程的效果和质量。评价指标体系应该包括生态环境质量、生态功能恢复程度、生态系统稳定性、经济效益和社会效益等方面。在此试点工程中，从思想、组织、技术、施工及设备 5 个方面建立质量体系，提高质量意识，完善管理机构。

2．评估方法

评估方法是对生态修复工程进行评价的关键。生态修复工程的评优需要明确评价方法。它应该根据生态修复工程的实际情况进行选择和组合，并可以从生态环境保护效果、经济效益、社会效益等方面综合考虑，制定出具体的评优方法。在评价方法上，可以采取专家评审、现场考察、数据分析等方式综合评价，包括实地调查、遥感监测、空间分析、多指标评价、生态系统评估等方法。在此书中，总结当前国家、地方、行业协会等分别从多个维度设立的工程项目奖项，详述此类奖项的工程类别、申报条件、创优要点及评选要点，并将各层面、各类别的工程项目奖项评选办法收集归类。

3．评估标准

评估标准是对生态修复工程评价的定量化标准。评估标准应该明确、简明、可操作，以保证评估结果的客观性和可比性。它应该根据生态修复工程的实际情况进行制定和调整。同时，生态修复工程的评优应制定针对工程质量、项目设计和技术等方面的激励政策，以激发参与者的积极性和创造性。例如，可以给优秀工程发放奖金、提供技术支持和认证等。同时，生态修复工程的评优需完善相应机制，包括评优程序、评审时间表、评审委员会构成等方面的规范与完善。这样可以使评审流程更加严谨、规范，评审结果更加准确、可靠。以此试点工程为例，各类子工程在创优初期就以国家、省部及行业协会级内各类奖项的评选标准为例，在做好各类准备工作的同时，拟参评詹天佑奖、梁希林业科学技术奖、国家优质工程奖、内蒙古自治区科技奖、巴彦淖尔市优质工程奖、中国水利工程优质（大禹）奖、中国生态文明奖、内蒙古自治区“草原杯”工程质量奖、巴彦淖尔市建筑业优秀施工企业奖、巴彦淖尔市工程建设质量管理优秀奖、巴彦淖尔市建筑安全生产优秀企业奖等一系列奖项。

4．评估结果

评估结果应该公正、客观、准确。评估结果应该包括生态修复工程的优点和不足之处，并给出改进建议。生态修复工程的评优应当有组织、有计划，遵循公开透明、公正可靠的原则。同时所有参与者也都应该遵守公平、公正、公开的原则，避免不当竞争和干预等现象。评估结果应该及时反馈给生态修复工程实施单位和管理部门，以促进生态修复工程的持续改进和优化。

4.3 生态修复工程创优和评优的展望

生态修复工程创优和评优是一个不断完善的过程。未来，应该继续加强技术创新，推广和应用先进的生态修复技术，提高生态修复工程的效率和质量。同时，应该加强规划设计和管理，注重生态修复工程的可持续性和环境友好性。此外，应该加强评价方法和评价标准的研究，提高评价的科学性和可信度。

总之，生态修复工程创优和评优是推进生态文明建设、保护生态环境、促进可持续发展的重要举措。只有不断完善和优化生态修复工程，才能更好地保护生态环境，提高生态系统的稳定性和完整性，实现经济社会可持续发展的目标。

4.4 生态修复工程创优和评优的启示

生态修复工程的创优和评优，不仅可以提高生态环境的质量和改善人民群众的生活条件，也可以促进经济社会的可持续发展。在实践中，生态修复工程的创优和评优可以给我们以下启示：

1. 把握生态文明建设的重要机遇

生态文明建设是当前和未来的重要任务。生态修复工程是实现生态文明建设的关键环节之一。加强生态修复工程的创优和评优，可以为推进生态文明建设提供有力支撑。

2. 突出生态效益导向

生态修复工程应该注重生态效益，即生态环境质量的改善、生态系统功能的恢复和生态资源的保护。只有把生态效益放在首位，才能实现生态修复工程的长期可持续发展。

3. 加强技术创新和应用

生态修复工程的技术含量较高，需要不断创新和发展。应该加强生态修复技术的研发和应用，提高生态修复工程的效率和质量。

4. 优化评估体系和评价标准

评估体系和评价标准是评价生态修复工程效果和质量的基础。应该不断完善评估体系和评价标准，提高评价的科学性和可信度。

5. 加强规划设计和管理

规划设计和管理是保证生态修复工程可持续发展的关键。应该注重生态修复工程的可持续性和环境友好性，加强规划设计和管理，促进生态修复工程的健康发展。

6. 发挥社会力量的作用

生态修复工程需要政府、企业和社会各界的共同参与和支持。应该充分发挥社会力量的作用，加强政策引导和投资扶持，促进生态修复工程的全面发展。

4.5 结语

生态修复工程是建设美丽中国、实现可持续发展的重要举措。生态修复工程的创优和评优是保护生态环境、推进生态文明建设、促进经济社会可持续发展的重要举措。它的创优和评优，可以提高生态环境的质量和改善人民群众的生活条件，也可以促进经济社会的可持续发展。通过本书的总结和展望，我们可以看到生态修复工程创优和评优方面的研究和实践已经取得了很大的进展，同时面临着一些问题和挑战。未来，我们应该进一步深化生态修复工程的理论研究和实践探索，加强技术创新和应用，优化评估体系和评价标准，加强规划设计和管理，充分发挥社会力量的作用，推动生态文明建设和可持续发展，为生态修复工程的全面推进和提高质量水平做出更大的努力和贡献，为人类创造更美好的生态环境和生活条件。同时，我们也应该认识到生态修复工程的建设和管理不仅是政府的责任，也是每个公民的责任。每个人都应该意识到保护生态环境的重要性，积极参与到生态修复工程中来，共同建设美丽中国，实现可持续发展的目标。同时加强国际合作和交流，共同探索生态修复工程的经验和方法，共同应对全球生态环境恶化和资源短缺的挑战。

当然，我们要强调的是，生态修复工程的创优和评优是一个长期的过程，需要我们不断地积极探索、实践创新。我们应该在生态文明建设的道路上坚定前行，为实现美丽中国和可持续发展的目标不断努力！最后，希望本书能够对生态修复工程创优和评优方面的研究和实践有所启示和促进，推动生态文明建设和可持续发展的进程。

参考文献

[1] 胡甲均，张小林．水土保持生态修复的实践、思考与认识[A]//全国水土保持生态修复研讨会论文汇编[C]．2004：23-26.

[2] 黄自强．黄河流域水土保持生态修复的实践及发展思考[A]//全国水土保持生态修复研讨会论文汇编[C]．2004：386-390.

[3] 尤代强，梁其春．黄河流域水土保持生态修复试点工作的成效与经验[J]．中国水土保持，2006（10）：21-23.

[4] 张庆琼，徐海源，李欣荣，等．内蒙古生态修复的实施成效及发展对策[A]//发展水土保持科技、实现人与自然和谐——中国水土保持学会第三次全国会员代表大会学术论文集[C]．2006：474-476.

[5] 张永新，杜霞，韩爱香，等．乌拉特中旗水土保持生态修复工程的成效与经验[J]．内蒙古水利，2010（1）：67-68.

[6] 杨庆媛，毕国华．平行岭谷生态区生态保护修复的思路、模式及配套措施研究——基于重庆市“两江四山”山水林田湖草生态修复工程试点[J]．生态学报，2019，39（23）：8939-8947.

[7] 王丙晖，康蒙，金美英，等．山水林田湖草生态修复工程研究[J]．工业安全与环保，2022，48（7）：84-86.

[8] 郭善祥．创优驱动下扬州西部交通客运枢纽工程施工新技术与管理研究[D]．扬州：扬州大学，2020.

[9] 李圣开．大型建设项目的创优管理[J]．中国工程咨询，2008（5）：43-47.

[10] 林向武．浅谈工程创优管理[J]．福建建筑，2007（2）：75-76.

[11] 李德仁．论工程创优管理[J]．商品与质量，2009（S1）：21-22.

[12] 刘思凡．工程施工全过程管理创优[D]．北京：北京工业大学，2016.

[13] 蓝昭明．房建施工工程创优质量管理研究[D]．郑州：郑州大学，2017.

[14] 陈鸿桥．在过程控制中创造完美[J]．企业改革与管理，2005（3）：64-65.

[15] 李海明．建筑施工企业工程创优管理[J]．铁道工程学报，2003（1）：16-21，28.

[16] 王树林，倪松立，杨艳丰．优质工程之浅见林业科技情报，2009（1）：23-25.

[17] 卫中旗．我国经济高质量发展的背景、特征、动力与实现途径[J]．当代经济，2019（6）：22-27.

[18] 付新．浅析内蒙古自治区推动经济高质量发展[J]．全国流通经济，2021（29）：106-108.

[19] 闫政达．内蒙古经济高质量发展评估及对策研究[D]．兰州：西北民族大学，2022.

[20] 李作民．电力工程项目的创优管理方法与实践[D]．北京：华北电力大学（北京），2010.

[21] 丁士昭．工程项目管理[M]．北京：高等教育出版社，2017.

[22] 康鹏．工程项目的质量创优实践[D]．苏州：苏州科技大学，2018.

[23] Hurtulus I，S.C.Narula.Analysis of project performance. IEEE Transaction on Engineering Management，March 1985.

[24] https://wenku.baidu.com/view/b6ffe025f211f18583d049649b6648d7c1c70808.html.

[25] 吴志祯．“环评”与基建[J]．基建管理优化，2003，17（1）：8-11.

[26] 刘朝凤，端木祥杰，袁丰武．基于EPC总承包的工程质量与进度管理[J]．山东水利，2022（7）：40-42.

附录1　主要法律、法规、文件

[1]《中华人民共和国草原法》（2021年修正）

[2]《中华人民共和国环境保护法》（2014年修订）；

[3]《中华人民共和国水污染防治法》（2017年修正）；

[4]《中华人民共和国固体废物污染环境防治法》（2020年修订）；

[5]《中华人民共和国循环经济促进法》（2018年修正）；

[6]《中华人民共和国清洁生产促进法》（2012年修正）；

[7]《中华人民共和国水土保持法》（2010年修订）；

[8]《中华人民共和国水法》（2016年修正）；

[9]《中华人民共和国水污染防治法》（2017年修正）；

[10]《中华人民共和国土地管理法》（2019年修正）

[11]《中华人民共和国土地管理法实施条例》（2014年修订）

[12]《中华人民共和国节约能源法》（2018年修正）；

[13]《中华人民共和国环境影响评价法》（2018年修正）；

[14]《中华人民共和国城乡规划法》（2019年修正）；

[15]《中华人民共和国河道管理条例》（2018年修订）；

[16]《财政部 国土资源部 环境保护部关于推进山水林田湖生态保护修复工作的通知》（财建〔2016〕725号）；

[17]《中央对地方专项转移支付绩效目标管理暂行办法》（财预〔2015〕163号）；

[18]《重点生态保护修复治理专项资金管理办法》(财建〔2019〕29 号)(现已废止);
[19]《财政部关于推进政府购买服务第三方绩效评价工作的指导意见》(财综〔2018〕42 号);
[20]《自然资源领域中央与地方财政事权和支出责任划分改革方案》(国办发〔2020〕19 号)。

附录 2 主要技术标准、规范

[1]《建筑工程施工质量验收统一标准》(GB 50300—2013)

[2]《防沙治沙技术规范》(GB/T 21141—2007)

[3]《流动沙地沙障设置技术规范》(GB/T 535—2013)

[4]《造林技术规程》(GB/T 15776—2016)

[5]《节水灌溉工程技术规范》(GB/T 50363—2006)

[6]《低压管道输水灌溉工程技术规范》(SL/T 50363—2006)

[7]《公路工程技术标准》(JTGB 01—2014)

[8]《岩土工程勘察规范》(GB 50021—2009)

[9]《矿山地质环境保护与恢复治理方案编制规范》(DZ/T 0223—2011)

[10]《建筑边坡工程技术规范》(GB 50330—2013)

[11]《地质灾害危险性详估技术要求》(DZ/T 0245—2004)

[12]《滑坡防治工程勘查规范》(DZ/T 0218—2006)

[13]《滑坡防治工程设计与施工技术规范》(DZ/T 0219—2006)

[14]《泥石流灾害防治工程勘查规范》(DZ/T 0220—2006)

[15]《崩塌、滑坡、泥石流监测规范》(DZ/T 0221—2006)

[16]《地质灾害防治工程勘察规范》(DB 50/143—2003)

[17]《地质灾害防治条例》(中华人民共和国国务院令 第 394 号)

[18]《矿山地质环境保护规定》(国土资源部令 第 44 号)

[19] 内蒙古自治区人大常委会《内蒙古自治区地质环境保护条例》

[20]《矿山地质环境保护与恢复治理方案编制规范》（DZ/T 0223—2011）

[21]《建筑地基基础设计规范》（GB 50007—2002）

[22]《建筑边坡工程技术规范》（GB 50330—2002）

[23]《滑坡防治工程设计与施工技术规范》（DZ/T 0219—2006）

[24]《内蒙古自治区矿山地质环境保护与治理规划（2016—2020 年）》

[25]《内蒙古自治区矿山地质环境治理工程验收标准》（试行）

[26]《内蒙古自治区巴彦淖尔市矿山地质环境保护与治理规划（2016—2020 年）》

[27]《内蒙古自治区乌拉特前旗矿山地质环境保护与治理规划（2013—2020 年）》

[28]《财政部关于下达 2018 年重点生态保护修复治理专项资金预算的通知》（财建〔2018〕622 号）

[29]《乌梁素海流域山水林田湖草生态保护修复试点工程实施方案》（2019 年 4 月）

[30]《乌拉山北麓铁矿区矿山地质环境治理项目可行性研究报告（优化方案）》

[31]《内蒙古自治区矿山地质环境治理专项资金和项目管理办法（试行）》（内财建〔2010〕681 号）

[32]《内蒙古自治区矿山地质环境治理工程预算定额标准（试行）》（内财建〔2013〕600 号）

[33]《土地开发整理项目预算定额标准》（财综〔2011〕128 号）

[34]《土地整治工程营业税改增值税计价依据调整过度实施方案》（国土部〔2017〕19 号）

[35]《城镇污水处理厂污染物排放标准》（GB 18918—2002）；

[36]《地表水环境质量标准》（GB 3838—2002）；

[37]《农田灌溉水质标准》（GB 5084—2021）；

[38]《河道整治设计规范》（GB 50707—2011）；

[39]《人工湿地污水处理工程技术规范》（HJ 2005—2010）；

[40]《地下水质量标准》（GB 14848—2017）；

[41]《地下水环境监测技术规范》（HJ 164—2020）；

[42]《地表水和污水监测技术规范》（HJ/T 91—2002）；

[43]《水质　采样技术指导》（HJ 494—2009）；

[44]《水质　采样方案设计技术规定》（HJ 495—2009）；

[45]《湖泊生态安全调查与评估技术指南》；

[46]《湖泊河流环保疏浚工程技术指南》；

[47]《土壤环境监测技术规范》（HJ/T 166—2004）；

[48]《水文调查规范》（SL196—2015）；

[49]《土地利用现状分类》（GB/T 21010—2017）；

[50]《全国水环境容量核定技术指南》。

后 记

本书立足于乌梁素海流域山水林田湖草沙生态保护修复试点工程的建设管理，力求科学准确地展示该试点工程的创优评优过程，希望对后续其他生态修复工程发挥一定的参考作用。本书总结了生态修复工程建设管理过程中的经验与实践历程，并对生态修复工程的一系列基本问题进行了专业回答。书中重点以乌梁素海流域山水林田湖草沙生态保护修复试点工程建设管理实践为基础，以图文并茂的方式整理汇编了试点工程优秀案例的简要成果。书中还收录了国家关于试点工程的重要文件。本书兼顾试点工程项目的理论性、实践性和可操作性，可供参与生态修复工程项目的建设人员阅读参考。

本书与已出版的《人与自然的和解——以乌梁素海为例的山水林田湖草沙生态保护修复试点工程技术指南》《乌梁素海流域山水林田湖草生态保护修复试点工程法律法规文件汇编》《山水林田湖草生态修复工程绩效评估及案例分析》《生态修复工程组织与管理》《生态修复工程——农村人居环境整治》《生态修复工程——山水林田湖草生态保护修复试点工程项目管理办法》书籍同属“生态修复工程”系列丛书。

编写“生态修复工程”系列丛书的目的是推广生态修复工程的理念、技术和经验，促进自然生态系统的保护和修复，提高人们对自然生态系统的认识与保护意识，加强人们对生态建设和环境保护的责任感和使命感。在撰写系列丛书内容方面，邀请了一大批国内专家学者撰写丛书的内容，涉及生态修复的理念、技术、案例和实践经验等方面。在审校与修改方面，通过对每一本书进行严格的审校和修改，确保内容可靠、准确、权威。在出版发行方面，通过多种途径将系列丛书的内容传播给广大读者，使更多的人了解并加入生态保护修复的行列，为保护和修复自然生态系统做出自己的贡献。

最后，就此机会谨向付出艰辛劳动的全体编写人员致以崇高的敬意，向为系列丛书提供资料的单位、专家及各界人士表示衷心的感谢！

由于水平有限，书中难免有疏误之处，竭诚欢迎读者批评指正。